U0588309

采薇／著

# 别在
# 该动脑子的时候
# 动感情

BIE ZAI GAI DONG NAO ZI
DE SHI HOU
DONG GAN QING

天津出版传媒集团

天津人民出版社

## 图书在版编目（CIP）数据

别在该动脑子的时候动感情/采薇著. ——天津：天津人民出版社，2015.10（2018.5重印）

ISBN 978-7-201-09700-8

Ⅰ.①别… Ⅱ.①采… Ⅲ.①女性 – 人生哲学 – 通俗读物 Ⅳ.①B821-49

中国版本图书馆 CIP 数据核字（2015）第 224061 号

## 别在该动脑子的时候动感情
BIEZAI GAIDONG NAOZI DE SHIHOU DONG GANQING

| | |
|---|---|
| 出　　版 | 天津人民出版社 |
| 出 版 人 | 黄　沛 |
| 地　　址 | 天津市和平区西康路35号康岳大厦 |
| 邮政编码 | 300051 |
| 邮购电话 | （022）23332469 |
| 网　　址 | http://www.tjrmcbs.com |
| 电子邮箱 | tjrmcbs@126.com |

| | |
|---|---|
| 责任编辑 | 陈　烨 |
| 策划编辑 | 陶栎宇　杨程程 |
| 装帧设计 | 嫁衣工舍 |

| | |
|---|---|
| 制版印刷 | 北京凯达印务有限公司 |
| 经　　销 | 新华书店 |
| 开　　本 | 880×1230毫米　1/32 |
| 印　　张 | 8.25 |
| 字　　数 | 150千字 |
| 版次印次 | 2015年10月第1版　2018年5月第7次印刷 |
| 定　　价 | 36.00元 |

版权所有　侵权必究

图书如出现印装质量问题，请致电联系调换（022-23332469）

# 目录
contents

## Part 1
### 一个人最大的悲哀，就是不愿意做自己

*Part 2*
当我们与众不同后，才能谈爱情

## Part 3
### 谁也不是谁的谁，动什么也别动感情

*Part 4*
只有你尽力了，才有资格说运气不好

*Part 5*
别以为世界抛弃了你，其实世界根本没空搭理你

## Part 6
### 靠眼泪无法做到的事，只能靠努力去实现

## 后记

PART 1

一个人最大的悲哀，
就是不愿意做自己

好的生命，是有事做，有人爱，有问题可想，有选择的自由。

最可怕的就是，那些比你有天赋的人，往往还比你努力。

谈一次恋爱是认识自己的快捷方式。

想过幸福的生活，苦苦相爱或苦苦挽留，都不如放下你的控制欲。

有时候，原谅一个人，并不是因为他或者她的解释打动了我们，仅仅是因为我们尚不能承受失去的痛苦。

# 这个世界，唯一不变的就是改变

去年冬天，我去参加电视台组织的一个活动。离开赛尚早，一起参赛的年轻人陆续聚到一个房间里交谈起来。这本来是一个商业聚会，话题却不知怎的转到了爱情上。

一个一直沉默的哥哥掐灭了手中的烟头，开始讲述自己的故事。

他的父亲离过七次婚，在当地颇为出名。而他恰巧判给了父亲，可以想见，他小时候的生活多么混乱。从来不相信爱情和婚姻的他，以玩世不恭的态度混到二十来岁，结果有一天上天让他遇见了一个中意的女孩。两人很合得来，不过，他当时并不想结婚，那个女孩也不想绑缚着他，两个人就这样单纯地相处着。直到有一天，当地卫生局局长的儿子也相中了那个女孩。

"你可以跟他在一起，我不会介意的。"在得知另一个追求者的存在时，他竟鬼使神差地对女孩说了这句话。也许是因为少不更事的轻狂，或者还有莫可名状的自尊——因为那女孩在市里的医院上班，对方许诺，若是她答应这门婚事，便可帮她调整岗位。

"是吗？"女孩反问了一句，再没说话。

第二天，她就离开了这个城市。

他找遍了所有可能的地方也没有找到她，那个没有手机的年代，他们一向靠传呼机互通讯息，但他的呼叫再也没有得到回应。

四年后，他结婚了，有了贤惠的妻子和可爱的儿子。

有一次，他开车去女孩的家乡办事，不经意看见了她在渡口匆匆离去的背影。虽然隔了四年，他仍然一眼就认出了她。他立刻将车子熄火，慌忙地跑了出去，待他奔到渡口时，她的身影已经没入人海。此时渡船汽笛声响起，命运又一次在他们之间拉开了一道鸿沟……

那一刻，他像个孩子一样抱头痛哭。

"从那以后，我再也没有见过她。"他不无遗憾地说。彼时的他已经富甲一方，经过多年的人生历练和生意场上的起伏跌宕，已极少轻易流露出这样伤感的神情。

这世界上最美丽的爱情，往往都带着伤痕。

世事无常，我们能掌控的事，是那么少。

很少有人能不带着自尊来爱，每个人的自尊都坚硬如磐石、高耸如崖岸。或许正因如此，我们总乐见爱情故事里的男女主角挣扎着迈出自尊的界限，低下孤独而尊贵的头，轻轻说一句："我爱你"。

电影《失恋33天》里，黄小仙追着前男友飞驰而去的出租车，哭着说："我要追上这辆车，我要对他说我知道我做错了什么。你可不可以原谅我？可不可以再等等我？等等我吧。前路太险恶，世上这么多人，只有你，是给我最多安全感的伴侣。请不要就这么放弃我，请你别放弃我。我不再要那些一击即碎的自尊了，我的自信也全部是空穴来风。我要让你看到，我现在，有多卑微。"

即使知道这是没有用的，她还是用尽全力去追那一辆出租车。

有时候，原谅一个人，并不是因为他或者她的解释打动了我们，仅仅是因为我们尚不能承受失去的痛苦。因为所有人都知道：当你知道了如何让我快乐，也就拥有了让我悲伤的能力。

爱，原本脆弱，需要彼此交出最柔软的情感才能呵护，如同一个骑士在他即将奔赴战场的时候，对心爱的公主的呢喃。

"你知道吗，你真是一个好强的人，你比我见到的所有的人都要好强——可是你又那么爱哭，每次我看见你的眼泪，"他把手按在胸口的位置，接着说，"我就会觉得，这里很疼。"

可是在爱情里，鲜有人先行示弱。席慕蓉的诗说："你若是那含泪的射手，我就是那一只决心不再躲闪的白鸟。"当一个人真正下决心去做那只"不再躲闪的白鸟"，甘愿到甚至不顾尊严的时候，就像燃烧着的陨石，义无反顾地奔向大地，而爱，就是地心引力。

《失恋33天》的片尾采访里，有一个女生说："在等他的这两年里，我错过很多。"

她说着说着，突然哭了。

那一刻，我的眼睛也潮湿了。

世间的真爱伴随着遗憾、伤感和孤独，但依然有人愿意交付一生的等待。可真爱最终也是会消散的，这个世界，唯一不变的就是改变，它不会为谁驻守，也不会为谁停留。

所以当我们还爱着的时候，勇敢爱下去；当我们不得不放手的时候，留一个潇洒的转身，不止为了自尊。

# 有能力的人，才有选择的自由

好的生命，是有事做，有人爱，有问题可想，有选择的自由。

听过一个古老的故事，讲的就是关于选择：

年轻的亚瑟王被俘虏了。对方比较欣赏他，所以没有立即杀他，说只要亚瑟王能回答对一个难题，就可以让他继续活下去。

这个问题是：女人真正想要的是什么？

这个问题连那些最年长的、最有见识的人都很难回答，何况年轻的亚瑟王？亚瑟王面露难色，但这个问题他无法拒绝回答，于是他答应国王，几天后给出答案，否则自己就付出生命的代价。

亚瑟王在回家的路上，向沿途遇到的每个人征求答案：农妇、妓女、贵妇人、长者……但答案众说纷纭，有人说是美貌，有人说是爱，也有人说是孩子、幸福或智慧。亚瑟王听了这些答案都不满意。

最后，他遇到一个又老又丑的女巫。女巫说，她清楚这个问题的答案，但他必须先接受她的条件——她要和亚瑟王的侄子兼好朋友，最高贵、最英俊的圆桌武士高文结婚。

听了这个条件，亚瑟王惊讶极了。眼前的女巫驼背、丑陋，衰老到嘴巴里只剩下一颗摇摇欲坠的牙齿，两只手干瘪得像爪子一样，一只眼睛瞎了，说话的声调猥琐不堪，让人难以忍受，浑身还散发出臭水沟般令人作呕的气味……世上不会再有比她更丑陋的怪物了。

亚瑟王拒绝了，他不能强迫他的朋友娶这样的女人，与其让自己毕生背负上沉重的精神包袱，还不如去死。高文却对亚瑟王说："我同意和女巫结婚，没有比拯救亚瑟王的生命更重要的事了。"

于是心满意足的女巫回答了亚瑟王的问题："女人真正想要的是主宰自己的命运。"

女巫所说的，的确是一个伟大的真理。亚瑟王向对手送上这个答案后，对手含笑点头，给了亚瑟王永远的自由。

高文和女巫举行婚礼了。婚礼上的气氛冰冷极了，亚瑟王在无法解脱的痛苦中流泪不已；高文照旧彬彬有礼，但脸色苍白；参加婚礼的宾客们尴尬万分，沉默无语。只有可怕的女巫看起来毫无拘束：她用手直接抓东西吃，毫不介意地打嗝、放屁，让所有的人觉得恶心极了。

别扭的宴会终于结束了，大家纷纷告辞后，高文硬着头皮走进新房，独自面对可怕的女巫新娘。他没看到女巫，只见一位美女坐在壁炉前面的椅子上。

高文惊讶地问她是谁，美女回答："亲爱的丈夫，我就是女巫啊！你看到我最丑陋的一面还依然对我那么好，所以我决定在一天中，一半时间仍旧是丑陋的女巫，另一半时间变成绝世美女。"

女巫妻子问高文："你想要我在白天变成美女，夜晚变成女巫；还是白天变成女巫，夜晚变成美女呢？请想清楚这个问题再回答，因为如果白天我是女巫，大家会嘲笑你，让你抬不起头来；可是如果晚上我是女巫，你面对我会痛苦难耐。"

高文看着妻子，沉默不语。

如果你是他，会怎样选择呢？

事实上，高文没做任何选择，他对妻子说："既然女人最想要的是主宰自己的命运，那这件事就由你自己决定吧！无论你怎样的决定，我都尊重你的选择。"

女巫选择的是，自己白天、晚上都做美女。

萨特说："人注定是自由的，自由是人的宿命，人必须自由地为自己做出一系列选择。"

很多时候，因为有钱，所以我们在购物上有了选择的自由，而不用为价格瞻前顾后；很多时候，因为有了强大的工作能力，所以我们有了择业的自由，不必受自身技能的限制，只能在有限的范围内做着自我拘束的事情。

作家六六曾在微博上就儿子闹着不想上学发表过言论：一个十多岁的孩子，完全不能掌控自己人生的时候，不能由着他想干什么就干什么，当然得受到大人的约束。

没有人喜欢在别人的安排下生活，乐于接受约束必定是有原因的。我们读书的时候，受到学校的约束，只是为了获得技能和本领；我们小时候受到父母的支配，因为彼时不曾占有能供养自己的资源。

自由的程度取决于一个人具备的不可替代的能力的大小。不可替代性越高，选择的自由越大，可以利用的资源也越多。

一个真正能选择和掌控自己的人，需要有强大睿智的头脑和冷静从容的心灵，才能在纷繁的头绪中看清本质，做出真正有利于自己的判断。正如故事中的女巫，她能掌控自己的命运，并不在于她的精妙回答，而在于她首先是个女巫，具备了震慑他人的能力而已。

　　生而为人，没办法选择生存环境。有限的自由，只存在于对日常生活及行为中，想获得更多的自由，只有奋起力争，才会走得更远。

# 愿意把自己叫醒的人最有勇气

[↗]

朋友的父亲去世了，她母亲因伤心过度变得神志不清，经常自言自语、丢三落四。我叹息着对她说："你父母一定很相爱。"

"不。我听爸爸说起，他和妈妈是'包办'婚姻，他们结婚的时候，没有爱情。那时候，爷爷、奶奶看重我妈妈是人民教师，算是端着铁饭碗，所以硬生生拆散了爸爸和他的初恋女友。"

"后来呢？"

"爸爸本来和他的初恋约好一块私奔的，可是事不凑巧，偏偏那天下雨，道路泥泞不堪，初恋女友坐的车坏在了路上，没有及时赶到约定的地点。而爸爸被家人抓了回去，后来，就和我母亲结婚了。"

我有些愕然，原本以为是个惊天动地的爱情故事，最后却如此潦草收场。

"最初他们也吵过闹过，但是吵归吵、闹归闹，他们还是把日子过下去了。"朋友说，"即使在我父亲生病的最后几年里，他们也还是吵闹不断，但我清楚地知道，他们彼此已经离不开对方，只要一小会儿见不到对方，他们就会坐立不安——真是十足的欢喜冤家。"

红尘男女最悲哀的事，就是一辈子都在寻找爱情，却不肯停下来享受近在身边的温暖。

在她说这些话的时候，我想起了文学作品中一个常见的情节——殉情。无论在东方人心目中还是在西方人心目中，生死以之的爱情才是极致的浪漫。这种戏码赚足了世人的眼泪。但是现实生活中，恋人中有一位离去后，另一位在伤心之余，可能会很快收拾心情投入到下一场感情或者回归原本的生活。

表妹对朋友父母的故事嗤之以鼻："我绝不会嫁给一个自己不爱的人，更别说在一起生活这么久，还生了孩子！"

"如果没有和自己爱的人在一起，人生是多么悲哀啊！"表妹接着感叹道。

我们常常把爱情想象得太过浪漫，以至于在生活的真实袭来时，显得有些措手不及。

对很多女性而言，爱情承载了她们全部的人生期待。大部分人都幻想着成为生活的女主角，幻想着自己在爱情中受尽万千宠爱，同时拒绝接受平凡琐碎的日子。她们期待王子亲手给自己穿上水晶鞋，然后跟王子过着幸福的生活；她们期待自己有一场轰轰烈烈的爱情，甚至不惜生死以之。但事实上，庸常琐碎才是真正的人生常态。

讽刺的是，这个朋友曾经谈过一场轰轰烈烈的异地恋，在她和恋人两地相望的那几年中，山盟海誓、如胶似漆，而当他们终于克服重重困难在一起时，却因为一些小事不停地吵架，最后不得不分手。

在此前漫长的三年中，他们都是在和想象中的对方谈恋爱，靠想象勾画出完美的对方和浪漫的爱情，并沉迷其中。当真正生活在一起时，双方都觉得对方变了，和自己想象的完全不一样。

有一句歌词是：你是我一场好梦，明天一切好说。这个世界上仍有很多人沉醉在爱情的美梦中，不管是否还有明天。

鲁迅的小说《伤逝》讲述了一个伤感的爱情故事：涓生和子君虽然在追求恋爱和婚姻自由的斗争中取得了胜利，却败给了无奈的现实。失业的打击和精神的停滞不前，让两人彼此生出腻烦，曾经的爱虽然专注坚定，但也不切实际，注定是要归于幻灭的。

我想，朋友的父母是坚强的，因为愿意把自己叫醒的人最有勇气。他们敢于面对生活的真实和复杂，而不是一味地去追求爱情的虚幻和缥缈。

## 勇敢做失败的大多数

⌐↗

　　一个正在念大学的小妹妹遇到一个很优秀的男孩子，她对他倾慕已久，却一直不敢和对方谈恋爱。鼓起勇气追求了很久之后，对方终于接受了她，她却忽然有点儿患得患失："如果初恋成功了，这算是幸福还是不幸呢？谁都知道，大学里的爱情到最后难免不会分手。"

　　我说："你认为呢？"

　　她想了想，回答道："我也可能是失败的大多数吧！虽然我很爱他，可我还是想多经历几次感情，如果一次恋爱就成功，便不能再有别的可能性，也无法和另一些男孩子交往，这样不是很遗憾吗？"

　　另一个通过相亲结婚的姐妹，感觉自己嫁的人不是自己真正想要的类型，一直都处在不幸福的状态中。因为工作的关系，她常常和一个业务经理接触，后来竟然无法抑制地和对方坠入了爱河。她很苦恼，因为自己爱上一个不该爱的人，一个有妇之夫。可是，爱一个人的感觉实在太美好，这和平淡如水的婚姻生活形成了极其强烈的反差。她完全不能掌控自己的感觉，这种混杂着美好的别样滋味，让她欲罢不能却又痛苦万分。

　　人生总是如此，选择了一种可能性，就得放弃另外的一些可能性。在爱情关系中尤其如此。爱情能给我们带来甜蜜又幸福的感觉，同时还可能带来伤害。常常听人这样说，嫁给一个自己爱的人，不如嫁给一个爱自己的人那么幸福。因为嫁给自己爱的人，是一种付出的姿态，而嫁给爱自己的人，则是索取的姿态。

　　大多数人都不想轻易地付出感情，因为付出感情的同时，就意味着容易受到伤害。学会爱一个人，以对方喜欢的方式去爱他，需要长时间的积淀，包括拥有健康的体魄、宽容的心灵、源源不断的正能量和持续经营的姿态。

　　这些，都是要经历过好几次失败，才能慢慢积累出来。

　　读书的时候，我们总是先复习，然后再去考试。可生活本身就是一场考试，总是要经历几次才能总结出一些经验来。有些人在这些考验中败下阵来，沉沦在失败的情感的泥淖中。而另一些人则在考验中更透彻地认识了自我、修复自我，健全了人格，为下一场情感体验做好了准备。

有人曾说，让人最快认识自己的方式就是谈一场恋爱。谈恋爱之所以成了认识自己的快捷方式，是因为情感关系比其他任何关系都更深入，更能让人理解自己的情感内核和性格缺陷。只是理解了之后还需要修复，需要学习，需要升级自己。

爱情中的相互亲近只是一种本能，并不是爱的本身。如同父母不是生下来就会做父母一般，我们要学习如何真正去爱另一个人。

这个时代，女人对情感体验的需求正是自我意识觉醒的呈现。真正爱一个人，并不是不计代价地把"好"强加在对方身上，而是用理解他的方式去提供物质能源或精神能源。

爱是一种能力，需要慢慢磨合、培养和经营。失败的爱并不可怕，可怕的是无法总结理解失败的原因，无法再次鼓起爱的勇气，用浸透痛苦的经验和全心全意的姿态重新经营生活，经营爱情。

生活的真相是，每个人都需要在爱中认识爱，在失败之中体验失败，在生活中学习生活。

对没有体验过的情感，人们总会不甘心，总想尝试一下，所以有了各式各样的情感经历。人只有失败几次之后才能真正懂得爱，也才真正清楚什么样的爱人最适合自己。

没有完美的感情，但是在失败中总不乏最珍贵的经验。勇于做失败的大多数，才有希望成为成功的一小簇。

# 人要懂得留一点儿爱给自己

自从结婚之后，她一直都在默默地为家庭付出，丈夫和两个孩子就是她生活的中心，甚至是她人生的一切。即使条件允许，她也舍不得把钱花在自己的打扮上。

她这般无私奉献了几年，丈夫仍然出轨了，这让她觉得十分伤心。她祥林嫂似的逢人就倾诉，却不知道自己哪里出错了。而她的丈夫说："我需要的并不是一个老妈子式的女人，她把所有的精神人格都活在我身上时，让我觉得很累。"

还有一对朋友圈里公认的模范夫妻，经常结伴旅游，促膝长谈。两人分工明确、待遇平等，一人做饭，另一人洗碗；一人买衣服的时候，也会给另一人买个同等价格的包包。彼此都有自己的爱好，一人不在的时候，另一人也不会觉得太空虚。他们出现在大家面前的时候，经常是神采飞扬，没有那种常见的过度付出而产生的怨气，彼此之间倒是有一种老友式的亲切和温情。

是的，在这个年代，当每个人的自我意识都在增强的时候，那种一味地付出已经不再适合这个社会的发展了。

上一代那种完全依附型和忍耐型的爱，这一代人已经很不适应。因为那样控制和期待交织的感觉，常常会让人觉得负担很重。人要懂得留一点爱给自己，减少那种隐含压力的期待感，对方才会感到安然。

一个人无底限的忍让常常会产生大量的怨气，因为很多人忍让的潜台词便是"我对你付出了这么多，我对你这样好，我比你们都高尚"……他们常常渴望用这种退让来证明自己爱得比对方多，比对方深刻，可是却常常忘了，只有一个人的爱永远难以为继，因为爱是需要两个人互动才能完成的事情。不对等的爱情关系是一种折磨，是一种一触即发的伤害，双方都不会快乐。

女人们陷入爱情之中时，常常对对方有着过度的期待和幻想，还喜欢一味地用忍让来证明这个世界上没有人会比自己更爱这个男人，若是没有得到同等的证明，她们就会觉得万分痛苦。这是一种不安的心态，是一种在潜意识之中期待对方也能这样对待自己的心态，正是这种心态让男人越来越不适应，最终形成了一场追逐与逃离的恶性循环。

电影《前目的地》之中不断轮回的时间悖论，虽然是一种悬疑的表述过程，但是却告诉了我们一个最浅显的道理：每个人都不可避免地有着自恋的情绪，只有自己才能明白自己的需求，也只有自己才能最终满足自己。

一个不懂得如何爱自己的人，永远无法在对方身上得到自己想要的。

## 懂得努力，也是一种能力

武侠剧中有一个有趣的现象，那些学艺、读书及修炼武功的部分，总是被一笔带过。屏幕上打出一个"×年后"，剧情就完成了跳转，主人公此时已经学成了绝世神功，可以单枪匹马地闯荡江湖了。

朋友说，大概学习的部分很枯燥吧？因为没有人爱看主角刻苦努力的过程，大家只爱看他学成之后扬名立万的精彩。

其实，这个被忽略掉的过程才是人生最重要的部分。

每个人都渴望走向成功的顶点，但是很少有人喜欢枯燥无味的过程，只有少数人克服了这个心态，在百转千回中走向了人生的巅峰。

有个朋友报名参加会计考试，每当我提醒她复习的时候，她都会告诉我："网上说了，这个考试非常简单，基本上都是选择题，我只需要考前粗略看一遍就行了。"

但据我所知，她的记忆力远远没有达到这种水准。

成绩出来之后，不出所料，她没有通过她口中的那个"非常简单"的会计考试。

重考的时候，我还是经常提醒她复习，她总说："反正我考过一次，对题目也有一定的了解，我考前再复习吧！"平时，她有时间看电影，玩网游，和别人闲聊，但就是分不出一点点时间来学习，所以第二次考试，她还是没能通过。

我问她："你知道你和那些牛人的区别在哪里吗？"

她这一回倒是老老实实说："他们比我更努力。"

所有的成功者，都有一段不为人知的艰辛时光，没有人能随随便便成功。我们只看到他们表面的光鲜，却没看见他们背后的付出。在很多人笑话别人是"书呆子"的时候，却没看到他们持之以恒的毅力、强大的自制力和对时间的规划能力。

有天赋不可怕，最可怕的就是，那些比你有天赋的人，往往还比你努力，只是你没看到而已。

努力，意味着需要放弃一些安逸，放弃一些小乐趣，但在这个过程中能获得更大的乐趣；努力，是不甘寂寞的野心，出于证明自己的驱使。懂得并且能够努力，也是一种超强的能力。

只有不断努力，才能享受到完成任务的欣喜若狂，才能感觉到超越自己甚至别人的快感，才能真正拥抱梦想。

就像那句话说的：怕吃苦，吃苦一辈子，不怕苦，吃苦半辈子。

谁说的？桀骜不驯的李敖。

# 没有谁必须成为谁的依靠

　　《安娜·卡列尼娜》开篇说道："幸福的家庭都是相似的，不幸的家庭却各有各的不幸。"为什么会这样？因为依赖他人给予自己希望，总是会收获失望，因为没有谁能百分百地了解另外一个人的需求。爱情的热度冷却后，我们会发现，所有的问题还是要靠自己去解决，所有的寂寞还是要靠自己去排遣……然后幸运地发现，一个人也可以过得很好。

　　在爱情中，没有谁必须成为谁的依靠，也没有谁必须忍让谁的道理。放下依赖，保持独立，并不会影响爱情的纯度。只有找到自己生命的支点，而不是把重心都压在另一个人身上，才能有完整的人格、轻松的心态和饱满的自信，也才能收获真正理性的深情。

　　有一个四十岁左右的长辈，热爱文艺，热爱生活，看起来非常年轻。她的家里总是干干净净，各类植物摆放得错落有致，并且被照顾得很好。

得空的时候她会用旧衣服做一些可爱的小饰品和手提包，慢慢地有了一些名气，大家竞相购买她的手工艺品，她也因此有了一批不小的收入。但是她并没有把这当成什么了不得的本领，还是继续不紧不慢地生活着，闲暇时间做做菜，浇浇花，或者是写写文章。

虽然结婚很久了，但是岁月并没有在她身上留下多少痕迹，每个人都羡慕她活得潇洒自在，朋友们也大都很享受跟她在一起的快乐。

与她相反的是另一个女伴，她交往过很多男朋友，每一次都是不欢而散。其实女伴是个好脾气的人，但她由此更加伤感，想来想去，也不知道自己到底哪里让人讨厌。

有一次我们一起吃饭，她的男朋友正在外地出差。我看见她不停地给对方发短信，只要对方没有及时回复，她立刻就会打电话过去询问。

在她的这种夺命连环call下，对方实在忍受不了，终于爆发了——那种令人疲惫不堪的分手戏码再一次上演。

我忍不住旁敲侧击："为什么不尝试放下你的控制欲呢？"

她说："我完全不能离开他，只要离开一小会儿，我就会觉得很难过，只有把对方牢牢抓住，我才能感觉到他对我的爱意。"

想过幸福的生活，苦苦相爱或苦苦挽留，都不如放下你的控制欲。

相爱的两个人，总是希望二十四小时都腻在一起，直到慢慢地将对方的热情消耗殆尽，最终相看两相厌，甚至发展到水火不容的程度。

很多被家庭暴力和丈夫出轨深深困扰的女性都在苦苦思索：如果我离开了他，下一步该怎么办呢？我已经习惯了和他在一起啊！

她们并没有想过，对于毫无家庭责任感的人来说，你再怎么害怕他的离开都是没用的，他们并不会因为你的无助而留下，也不会因为你的害怕而放弃外面的花花世界。

有一句话这样说：遇见你时，我才是最好的我。其实这句话有本质上的谬误，因为，自己的好与不好，只与自己相关，而与旁人无涉。没有谁是谁的必须，也没有谁必须成为谁的依靠。

学会了和孤独相处，我们就不必害怕任何人的离开；放下控制欲，才能在忙碌和平庸之中独守一份属于自己的快乐。每一场邂逅未必都有完美的结局，孤独才是人生的真谛，我们只有体悟自我、理解孤独、做回自己，才能潇洒自如地行走世间。

# 没有人能拒绝热情这种能量

有个女性朋友离婚了，还带着一个孩子。

离婚是一件人生大事，很容易被人关注，先是父母哀叹，然后会陆续收到旁人或悲悯或同情的眼光。

相对于别人唉声叹气的同情，她自己倒没什么，请了一周假，处理好各种离婚事宜之后，仍然像往常一样热情地生活着——健身、学舞蹈、学插花，离婚似乎并没有在她身上留下什么阴影。

后来，她在健身房认识了一个条件很不错的男人，未婚，有车有房，年轻有为，长相也不错。没过多久，这个男人开始追求她。

每当看见这个男人开着车接送她上下班的时候，大家都抱着一种看笑话的心态，因为所有的人都认为，离婚的"二手女"能有什么优势？"优质男"应该只是和她玩玩。

岂料这个男人并不是玩玩，在猛烈追求了她几个月之后，真的与她携手走进了婚姻的殿堂。

这一下让很多人心里泛酸，大家想不通为什么这样一个离过婚的女人还能找到一个条件这么好的男人，跨入这么美好的婚姻中。

我无意间在朋友圈中看见她的照片，照片中她带着一种温柔的笑意，眼眸中闪动着天真和热情，像一块柔软的糖，带着一种甜蜜又热切的感染力。

我想，没有人能拒绝这种热情、天真的生命能量。

若是想要得到真正的爱与感动，首先要有一颗善良单纯的心灵。人们常常会被同类的人所吸引，就如善良的人永远都会爱善良的人，勇敢的人也会喜欢勇敢的人。

一个人若是渴望被爱，除了拥有生活智慧，还必须要有足够的勇气。因为，不去勇敢地尝试，你就不会知道，与你擦肩而过的是不是你的真命天子。

我们在年轻的时候总是义无反顾地渴望爱、相信爱，但那时的我们却又常常因为不懂得如何去爱而容易受到伤害。于是，脆弱的你在血与泪中开始封闭自己，忘却对幸福的渴望，再也不敢敞开心扉去拥抱世界。

其实，爱情本是一件非常美好的事情，让我们觉知到痛苦的，并不是内心深处涌动着的深情，而是因为害怕受伤，所以徘徊在进与退、奉献与自我保护之间难以抉择。

真爱通常姗姗来迟，如同买衣服一般，总要多试几次，才能知道谁是更适合陪自己共度一生的人。所以不要因为一次的失败而否定了未知，不要总是用经验去推测下一段情感。只要勇敢冲破外界的桎梏和内心的枷锁，终会得遇真爱。

我曾在路上看见过一个不算漂亮的女人，她行走在人潮涌动的街头，用好奇的目光打量着来往的人群，对很多人抱以善意的微笑，她认真地观察着这个世界，带着天真与热情。在她的身上，涌动着一种如同阳光般的温暖。

我想，内心深处的热情与相信爱、渴望爱的力量，一定可以感动他人。就如同那个再婚的朋友，仍然保持着旺盛的生命力，对生活充满了希望，用艺术的眼光去寻找这个世界的美感，同时感染着身边的每个人。

婚姻和爱情，就是一个相互感动的过程。每个人的生活，都是自己培育的苗圃，当我们不停地加固内心的生命力时，它就会蓬勃生长，当我们失去热情与力量的灌溉时，生活也只能选择萎靡。

看见她眼中荡漾的笑意，我想，若我是个男人，一定会被这阳光般的内在能量所吸引，说不定，会爱上她。

# 既然豆腐心，何必刀子嘴

话剧《恋爱的犀牛》中，恋爱教授跟男主角说过一句很有意思的话："如果你爱一个人十分，而你只能表达出一分，还不如你爱一个人一分，却能表达出十分。"

这是一种很形象的说法，道尽了会说话的重要性。

在生活中，我们也常常会发现，同样一件事，经由不同的人说出来，效果截然不同。

会说话的人常常能把事情办成，因为会说话是一种智慧。"人是语言的动物"，我们大部分时间都在与他人的交流中度过。

当我们和他人传递善意和友爱时，会感受到生活的美好。

有句话叫：撒娇的女人有人爱。不论男女，每个人都渴望被肯定，只要不吝啬你的赞美，你总能得到你渴望的爱情，因为那些诗意的、充满爱的语言，足以拯救一颗干涸的心灵和一场无望的爱情。

当一个人用恶毒的语言去伤害别人的时候，他吐出的利箭可能比毒蛇的信子更令人害怕。即使他觉得自己说的是真理，或者对方需要棒喝，那也只是一厢情愿而已。没人能给予我们某事绝对"正确"或是"错误"的评判，生活中的事，复杂多变，每个人都不免带伤前行，谁能说自己有评判别人的资格？

我们会被语言伤害，因为我们每个人都渴望与他人交流，渴望得到他人的肯定和回应，渴望被安慰爱抚，却遭到了拒绝。

2014年年底时，有人统计出当年最伤人的两个网络词汇，一个是"哦"，一个是"呵呵"。

有一个女孩和男朋友是异地恋，她决定在十一长假的时候去看望他，并为此准备了很久，在她告诉他这个计划的时候，他只回了一个字："哦"。

女孩觉得很受伤，因为这个"哦"，她选择了和男朋友分手。

古人用"耳鬓厮磨"这个词来形容恋人之间的关系，实在非常贴切，情人之间的悄悄话如同怒放的鲜花那样芬芳。但曾经有一个女孩和我说，让她最受伤的一句话就是男朋友对她说的一句"你的这些事，和我无关"。

这句话充满了冷漠和讽刺，足以让任何一个兴高采烈的人瞬间黯然。当你的爱人对你说出"与我无关"这句话的时候，我甚至觉得，你们已经可以宣布分手了。

我一直都不太赞成"刀子嘴，豆腐心"这句话，既然已经豆腐心了，又何必非要刀子嘴呢？很多离婚的夫妇，他们之间本来有挽回的可能，却因为一方逞一时口舌之快而将对方推得更远。

上天给我们最大的恩赐，是善意，是鼓励，是爱。正是善意、鼓励和爱，使我们有了信任合作的可能。同时，当一个人真正掌握了语言的艺术，懂得用语言来传达善意和鼓励，我相信，他在很多事情上会更得心应手。

# 坏姑娘总会有好报

《飘》中的斯嘉丽是个另类的女孩，大胆、热烈，全然不顾凡俗眼光的束缚，勇于追求所爱，像一块糖一样，黏住了所有人的目光，很多男人在她身上投射了欣赏的眼光。

可能有人会奇怪，这样一个在大家眼中有些自私甚至没有什么思想的女人，为什么反而能得到男人们的赞赏和喜欢？

事实上，在生活中，所谓的坏女人更讨人喜欢，更容易让男人们趋之若鹜。当然，这种坏并不是传统思想中认为的坏，而是一种野性的生命力，热情、漂亮、开朗、可爱，面对生活积极乐观，更重要的是，坏女孩更能经得起生活的打击，不会因为情感上的挫折而一蹶不振。

坏是一个相对的概念，是与传统世俗的刻板相对的。连买衣服都要货比三家，更别说选择和自己共度余生的结婚对象了，多挑几次也并没有什么坏处。

这种坏，是一种妖冶的风情。我认识一个五十多岁的中年妇女，独自一人经营着茶馆，平日事务繁多，但是不论何时，都是笑意盈盈。她的茶舍打扫得十分干净，花香盈室，桌椅明净。我看见她的那次，她穿着粉色的长裤，浅紫色的毛衣外套，肉色T恤衫，系一条姹紫嫣红的丝巾，姿态飘逸——与她同龄的其他妇女，基本上已经是身材走样，胡乱套上几件衣服就敢出门，甚至大刺刺地穿着睡衣上街也不觉得有什么不妥。

她并不是传统意义上的好女人，没做过什么相夫教子的事。他们的孩子早早地就自立了，现在正在国外读大学，隔一周打一次电话回来，相当省心。她也极少做家务，偶尔兴趣来了才下下厨，大部分时间都和老公一起在外面吃，开茶室也只是个人兴趣。

茶室女老板的丈夫很爱摄影，有时候周末歇业，他们背着相机一同外出。老板娘站在花树下，偶尔有风吹过，鲜花满身，两人目光相对，就像热恋中的情侣。人们远远望着他们，不自觉就会被幸福感染。

照完相回来，她捧着几瓣落花，轻轻地放在休息室的玻璃缸中，冲身边的人笑笑："这么漂亮的花，落在地面上有些可惜了。"这是一个充满风情和诱惑的姿势，这样一个细节让我明白，为何这么多年她如此幸福，将婚姻维持得这样好。

和斯嘉丽一样，这些女人都有一点点坏风情，不像传统的女人那样中规中矩、麻木刻板，只会重复做洗衣做饭买菜带孩子的琐事。她们是大胆的、热烈的、奔放的，在年龄和生活中有着旁逸斜出的姿态，总是能给人一种意外的惊喜，乃至点燃生活的激情与神秘。

男人一直都在教育女人要做一个贤妻良母，如果女人真的这样做了，他们又会慢慢地从欣赏到习惯，直至厌弃。很多默默奉献的贤妻良母，最终败给了水灵灵、鲜嫩嫩的年轻女人，是因为男人天性热爱新鲜的诱惑和刺激，甘于抛弃无趣的好女人。

坏姑娘有好报，因为坏姑娘天生就带着这种别人难以掌控的神秘感和诱惑力。

古龙曾说过一句经典的话："谁先动心，谁就输了。"这是因为，动心的人，往往会付出得更多。但是，没有人能长期负担另一个人的精神期待。在生活和爱情的博弈之中，有时候往往越自私的女人才越幸福。做个自私的坏女人，用更多的时间和精力来爱自己，才能掌控爱情关系，做自己爱情的主人。

# 没有天赋，你该怎么办

在电影《哈利·波特与魔法石》中，斯内普教授说过一段很耐人寻味的话："我并不期待大多数人能理解制作魔药的精密科学与正确技术，不过那些出类拔萃、拥有特殊天赋的少数人，我可以教你们……"

这个情节传达了英美国家的教育理念。英美主流教育理念认为，知识是一种人脑的内在机能，无需被传授，只需被激发出来。

这种教育理念非常强调天赋，一个人如果没有天赋，就没有教育价值，反之，天赋很高的人可以无师自通。而教师的作用，仅仅是把这种天赋激发出来，将其由潜能变为现实。同样是上课，但是结果却不尽相同，最明显的表现就是，我们不可能每个人都是班级第一名。

在哈利波特系列电影中，纳威·隆巴顿是个倒霉的角色，他各科成绩都比较差，在很多人看来，他的人生几乎没戏了。

可是，这个笨笨的男孩却有一项"天赋"：草药学。他不喜欢运动，也不太会交际，只喜欢整天待在野外观察各种生物，颇有几分专业精神。所谓专业精神，简单点说，就是你对某一项事物有持之以恒的勇气和热情。

有了这样的精神，你一定能做好。

后来，他为赫敏和罗恩提供了呼吸草的线索，帮助了哈利·波特赢得了最后的胜利。

在专业领域，三个臭皮匠顶不了一个诸葛亮，甚至于三百个外行加在一起也不如一个内行。在草药学方面，纳威肯定比每次考试都得第一名的赫敏强。

俗话说：上帝为你关上一扇门的同时，必定会为你打开一扇窗。我们每个人都有自己潜在的天赋和擅长的领域，这个领域，即是我们超过普通人的部分，即是我们以后赖以生存的"本领"。

就像没有高大全式人物的小说才是好小说一样，没有标准答案的生活才是五彩缤纷的生活。人与人之间的差异组成了我们这个多姿多彩的世界，让我们有了分工合作的可能性。

你可以选择过自己的人生。但是任何一种人生，都需要资本，需要早日发掘自己独有的技能，不努力的人永远只能做梦，毕竟人生的考试，总是会给有准备的人打高分。

PART 2

——

当我们与众不同后，才能谈爱情

孤独寂寞的滋味，不论是谁都难以忍受，但是品尝更多的，
却永远都是女人。

我们喜欢一个人，总能找到另一个人来代替。

在下感情这盘棋时，没有人能完全地满足你的欲望。即使你
不停地强调你有多爱对方，你为此付出过多少感情，但可能
都不会让对方更喜欢你。

在婚姻契约被人类发明出来时，除了用爱来维系，还需要运
用资源的力量。

幸福的婚姻只是两个独立自主的人，点燃了理解、尊重与相
互扶持的爱的火花。这样的两个人在一起，是一加一大于二。
但当他们不得不分离的时候，谁离了谁，也都能维持生活。

# 为什么她把生活过成这样

前阵子，我在家庭主妇QQ群里遇到几个生活过得很糟糕的中年主妇。她们学历不高，没有工作，往往有孩子要照顾，有人还配备了出轨的丈夫。

她们决定去学一点儿东西，也找准了努力的方向，希望群里的姐妹推荐几本书。

其中一位问我应该如何调整自己的状态，我给她推荐了几本心理学方面的书，建议她首先调整自己的心理状况，同时也推荐了几本工作领域的初级专业书籍。她非常感激，当即表示一定会好好研读。

隔了一个星期，我问她有没有看过那几本书。她说她很忙，小孩刚放假，老公又出差，有很多家务要做，等等不一而足。

隔了一个月，我又问她的进展，结果得到的是同样的回答。她说，如果有充裕的时间，她一定会好好阅读这几本书的。

我建议她把时间规划一下，她说，这怎么能规划呢？当然是有什么就做什么了。说完，她又开始抱怨老公如何对她不好，她如何为家庭付出了。

在她喋喋不休抱怨的时候，我忽然明白了为什么她把生活过成这样。

除了在学校读书，大多数人都不可能有多充裕的时间来进行专门的学习，除非挤时间。说自己很忙的人，其实都不是特别忙。时间面前人人平等，成功人士无非是更会见缝插针，更有效地利用时间而已。

我的大学英语老师曾跟我们说，她的法语是在月子中学的，一边带孩子一边看书，趁孩子睡了，就赶紧瞅两页，等孩子醒了，再去照顾孩子。饶是如此，她的法语还是学得不错。

很多以"我很忙"为借口拒绝学习的人，总是想着若有一段完全属于自己的时间，一定就能完全改变自己。但他们没有想过，一个从一开始就把一切安排得井井有条的人，不会有这样乱糟糟的生活。

有闲并不能让一个人改变，人只有在压力下才会有紧迫感。我认识很多利用业余时间学习了几门技术的人，与此同时，她们把家庭也经营得非常棒。

请不要再把"没有充裕的时间"作为懒惰的借口，我们担负的责任只会越来越多，需要操心的事情也会越来越多，不可能有大段充裕的时间来提升自己，只能千方百计地挤时间。

决心改变的前提是不再期待别人的拯救，同时用破釜沉舟的勇气去行动。

道理很好懂，难的是下决心马上去做。想要下定决心去干成一件事时，只需要对自己狠一点儿，就无论如何都会找到想做它的时间。

# 你爱我，我随意

读过茨威格的小说《一个陌生女人的来信》的人，都知道其中描述了一个凄婉的爱情故事：一位女子遇到作家 R 后，用尽全力去爱他，她与他共度三个晚上，并偷偷为他生下儿子，他却没有记住她，后来再续一夜情缘时，甚至把她当成了妓女。

在他面前，她像蝼蚁一样卑微——"是我自己挤到你的眼前，扑到你的怀里，一头栽进我的命运之中"，"所有的人都骄纵我，宠爱我，大家都对我好——只有你，只有你把我忘得干干净净，只有你，只有你从来没认出我"。

我读到这个故事的时候，尽管能从故事的语言描述和情感渲染中获得一种感动，但是它的构架与设定，却只适合存在于老男人的幻想中。

六六在书中说："男人其实比女人更爱幻想。"老男人总幻想女人爱上的是他们这个人，殊不知，比起情感，女人更需要的是安全感。人永远都会受到肉身的限制，即使有情感，也总要附着在权势、地位、财富、能力、才华等一些其他的因素上面。

在情感模式和婚姻模式中，女性常常要服从种种约定俗成的世俗标准，不管主动还是被动，就像笼中的小白鼠一般，不得自由。在两性的相处中，女人难以接受多元化的选择，始终不能以更洒脱的姿态呈现自身。孤独寂寞的滋味，不论是谁都难以忍受，但是品尝更多的，却永远都是女人。

张爱玲有句被小资女们奉为圭臬的经典语句："遇见你我变得很低很低，一直低到尘埃里去，但我的心是欢喜的，并且在那里开出一朵花来。"

这句话不论如何忧伤动人，总有一些哀怨的味道。

对女人来说，情感关系中的独立方是真正的独立。情感模式的开启，是两个成年人之间的游戏，是两个完全能对自己感情负责的人的互动。而陌生女人和张爱玲，她们即使奉献了一生，却也不曾摆脱那个"女性魅力依靠男性的赞美和承认而存在"的价值观。

火遍大江南北的电视剧《甄嬛传》，仍是用伪励志的方式讲了一个关于女人争风吃醋、争夺男人关注的故事。但是当爱不在的时候，甄嬛却绽放出女人少有的理性，此时的她，反倒展示了女人在生活与爱情中隐忍向上的姿态和独立意识的修养。

中国作家石康去美国之后，回来感叹那里："比章子怡还漂亮的姑娘，也能自己把一个吉普车的大轮子换上。"林黛玉式的美女，完全是为了中国男人的审美而存在的，她们的好处在于，有了她们，男人窝囊地回家后，在这种女人面前仍可以觉得自己很强大，总算能有些小安慰。

还有人问过这样一个问题：中国女人在涉外婚姻中为什么作不起来？这可能是涉外婚姻的模式少了传统婚姻的女性依附的原因。我想，只有当两个人独立的意识越高，彼此之间越能认知自我，越能把自己当成独立的个体，完全负担起自我的情感需求、精神需求和物质需求时，才能实现真正的情感对等吧！

旧式女子附着式的精神人格，让女人们永远也潇洒不起来。当一个女人认为男人为其忙前忙后是理所应当，而自己的付出是要计费的时候，她就无法真正成为一个独立的人。

值得欣慰的是，现在有越来越多的女性对爱情越来越洒脱，她们不再以男人作为自己世界的中心，而是乐于尽情展示自己的风采。

# 幸福的婚姻，是谁离了谁都能活得了

　　在婚姻生活QQ群里待了一段时间，发现了一个规律：在知道老公出轨后，最痛苦的不是能立刻潇洒离婚的人，也不是不管老公如何对自己都决意挽回的人，而是那种一会儿想着他的好，一会儿又想着要彻底决断的人。

　　这些女人中，经济上能自给自足的倒还好，因为时间会缓慢地抚平悲伤，或者把她的不满推向高潮，让她最终选择离婚。所以这群人的问题容易解决，无非就是时间问题。

　　最悲伤的是离开了老公便没有经济来源的女人。

　　因为他的背叛，无法再次爱上他，却又因为经济原因不能离婚，这是一种心灵上的长期折磨，伴随着的往往是内心深处绵绵无尽的失望。

想要斩断曾经的爱和痛，可是又离不开老公的供养，是很矛盾的一件事。心灵上的伤痛虽然也痛，却终究不会死人，好像也能忍受下去。但吃饭这种生理需求不被满足是会死人的。于是，只能在这种矛盾中继续煎熬下去。

这样的情境，让人想起来就感到悲伤。

她们或许曾经有过工作，也在职场中意气风发过，只是最后沦陷于爱情，迷失了自我，将自己的后半生托付给一个男人。然而人的情感终究是流动的，爱是玄之又玄的东西，它始终是飘忽不定的。

无论是爱还是被爱，只要不设限度，都会对爱造成毁伤，并加速爱情灭亡。当女人无限索取，慢慢丢失自己独立的生存能力时，就会把自己的生命系在男人的身上，加上日复一日的消磨，最终变成了患得患失的小妇人。

婚姻生活如同博弈，除了用爱来维系，还需要运用资源的力量。当我们用最悲观的心态去理解生活时，会发现不少男人都有出轨的天性，我们只能用自己拥有的资源去约束他们。当男人们决意毁约时，不必去重复曾经的山盟海誓，只能提醒他们：你要承担责任。

当我们放弃了立身的根基，将自己依附在他人身上时，我们的心态就会改变。经济上的不自由换来的时间自由，只是一种貌似自由的假象。因为，只要他不爱了，他就随时能把这种时间和自由收走，提供给另一个他想要去呵护的女人。

把自己绑定在男人身上的女人，无法给男人实质性的惩罚，只能在黑夜中舔舐伤口，责备对方"负了自己"。

幸福的婚姻生活，一定要有爱。有了爱，彼此才能相互包容。包容，并非是一方无限地付出，另一方无限地索取。健康的爱，是相互促进、相互依存，就如同舒婷《致橡树》中所言："我们分担寒潮、风雷、霹雳；我们共享雾霭、流岚、虹霓。仿佛永远分离，却又终生相依。"

男女最幸福的相爱，要有不远不近的距离，不相上下的能力，互相欣赏的心态，共担人生风雨的勇气。

真正幸福的人，没有朝不保夕的惶恐，没有患得患失的不安，因为他们能独立负担自己的生活。有个笑话说，最好的夫妻关系，就是生活中有共同爱好，工作时相互尊重，生病时相互照顾，患难时相互扶持，没事时各自为政。

没有人能永远毫无怨言地担负另一个人的人生。幸福的婚姻只是两个独立自主的人，点燃了理解、尊重与相互扶持的爱的火花。这样的两个人在一起，是一加一大于二。但当他们不得不分离的时候，谁离了谁，也都能维持生活。

# 当我们与众不同后，才能谈爱情

一位充满了悲剧色彩的 A 女士说，这么多年，从来没有一个男人爱过她。

"我非常渴望拥有幸福的婚姻"，她说，"我觉得自己是个非常随和的人，可是为什么却总是与爱情无缘呢？"

我问她："你喜欢什么样的人，希望他有哪方面的兴趣爱好呢？"

她答不上来。

如她所言，她是个非常随和的人，随和到没有任何个性。她没有兴趣爱好，对很多事情都抱着无所谓的态度，做亦可，不做亦可，对生活也没有太大的热情。

没有人特别讨厌她或者特别喜欢她。她也没有特别讨厌或者特别喜欢的人。她就像等待戈多那样等待着一个若有若无、说来不来的人，一直等到三十五岁，那个人也没有出现过。

她没有什么人生规划，唯一拿手的就是茫然。

但生命若缺乏浓烈的个人色彩，就变得毫无活力。在学校的时候，那种"坏女孩"、"坏小子"往往更受异性的追捧。

记得有个调侃总裁文的段子：为什么我还没有遇到一个总裁，因为奉命去和总裁接触的女人，没有任何优点，但凡有一个优点的人，都不能被配给总裁……

我认识一个已经拥有三家公司的女性朋友，她虽然长得并不漂亮，但是浑身上下散发着原始的野性和活力，让每一个和她接触的人都能感受到她对生活饱满的热情。每个人都喜欢和她接触，因为在她身上，都能找到那种拥抱生活的快乐。

她说，她会开除那种唯唯诺诺的"老好人"，因为他们没棱角、没主见，而那些可堪大用的人往往是有脾气的。

善良的人总是喜欢善良的人，勇敢的人也会被勇敢的人所吸引。只要你的身上有闪光点，总会吸引到同类的。

但是事实上，很多女性宁愿削尖脑袋去讨好男人，也不愿意去发掘自己身上哪怕一点儿闪光点。

我曾见过因为能歌善舞或其他方面有突出才华而被人激赏的女性，她们未必有突出的相貌，却经常被好几个优秀的男士追求。

相反，像Ａ女士这样的"老好人"，她们没有个性，没有存在感，来去都不会被人注意。

于是我对她说，当你希望别人能注意到你时，至少在你身上，某方面应该是特别突出或是与众不同的。

她似懂非懂地点了点头。

一年后，我收到了Ａ女士发来的喜帖。原来，她加入了跑步俱乐部，在这里认识了一个志同道合的伴侣，两人相处得十分愉快，并最终决定结婚。

她终于摆脱了"悲情女主角"的魔咒。是的，只有点亮自己的生命之火，才有可能吸引别人。

# 你有资格拥有爱情吗

亦舒的小说《喜宝》中，女主角喜宝说过一段经典的话：我要很多很多的爱。如果没有爱，那么就很多很多的钱，如果两件都没有，有健康也是好的。

这段话很多人甚至能背下来，但是当她们爱上一个人的时候，就全然不记得了。

沉迷于爱情的女人，经常会忘却奋斗，她们把爱情当成人生的避风港，以为嫁给一个人之后，就会过上童话里那种"幸福快乐的生活"。

现实中，那种王子和公主的幸福生活并没有多少实现的机会。也许你猜对了开头后，接下来发现所有的一切没有按照童话剧本发展下去，自己仍然是那个一无所有的灰姑娘，还是需要为明天挤公交车而烦心，需要为下个月的房贷发愁，需要为信用卡上陡增的还款金额而惊慌失措……

当爱情遭遇现实时，浪漫就会烟消云散。有朋友经常把"一场说走就走的旅行换来的是一个月的泡面和加班"挂在嘴上。是的，梦想很美，但现实很悲催。

没有物质基础的爱情，不能抵御生活的考验，总是一吹就散。

就像那首歌中唱的那样：我们是两颗相爱的灰，春天的时候相依偎，一到冬天冷风吹，我们就各自纷飞。

仔细观察就会发现，一个财务自由的人，烦恼会比那些穷困的人少很多。因为经济能力越强，代表他可调配的资源越多、解决麻烦的能力越强，在这样的良性循环之下，他们往往会越来越自信。这样的人，通常对别人会更宽容一些。事实上，成为一个富人并不容易，需要很多条件：勇敢、机遇、耐心、抗压能力、风险意识等，但是成为一个穷人，只需要妄想不劳而获就够了。

不要抱怨现在的人太现实，不要厌烦被人问：你有资格拥有爱情吗？事实上，物质的丰沛能让我们活得更体面一些。一个真正成熟的人，他（她）的卡里面要有足够的资金。不用为明天而发愁，才能有底气宽容别人。

　　没有面包的爱情，存在饿死的风险，能负担得起自己生活的人，才有资格拥有美好的爱情。

## 宽容人生的每一种可能

和朋友一起看电影的时候，她说："你有没有发现一个问题？在外国电影中，如果恋人最终没有在一起，双方大都会投入新生活或者开始下一段感情。而中国电影中的爱情主题，一直被一种悲情的基调笼罩着，不能终成眷属的情人，在失去对方后大多选择了自杀殉情，就像梁祝那样。"

这样的执着让我很感动，但试想一个人把自己的人生绑定在唯一的对象身上，不接受另一种可能性，即使不是悲剧，至少也是一种狭隘。

心理学家认为，我们总是在进行着强迫性重复。失恋的人总是会迷上和上个分手对象同类的人，这就意味着，在一种关系模式中受到伤害的人，或许下一次还会选择同样的关系模式。

或许我们只习惯有过的经历，是因为我们害怕丧失预见性；我们潜意识里不愿偏离既定的模式，否则我们会惶恐不安。

熟悉会给人一种莫名的安全感，而他身上曾经无法忍受的地方，在这一刻，也会被我们完全忽略掉。

在前进的道路上，我们往往并不是吃一堑长一智，而是不断地进行着强迫性重复，不断地重复同样的错误，不断地重演同样的悲剧。每个人都会选择自己最熟悉的方式，而不是最适合自己的方式。

朋友在失恋之后，曾经痛哭流涕地说："我不知道该怎么办，我怕以后再也找不到像他这样对我好的人了。"

我说："你们就算复合，也还是会分手，因为你们固有的关系模式很难被改变。"

一个人没必要因为失恋而沉沦，他们应该很快投入到一段新的感情当中，忘却旧爱。

我赞成人多谈几次恋爱，觉醒的成熟，正是在两性关系中慢慢建立的。如果相爱是一场缘分，那么离散也更是一种缘分——在避免对双方造成更大伤害之前，给了我们建立另一段关系的可能性。我们只有在选择和比较中，才会慢慢看清，哪种男人值得我们与之共度余生。

到了一定年岁就会明白，我们拯救不了任何人，我们应该接受生活的不完美，悦纳自己，宽容别人。

如果大慈悲源于大智慧，那么宽容就是顶级的智慧。具体到生活中，就是宽容人生的每一种可能性，把所有发生的事都当成人生变幻中的理所当然，然后坦然接受它们。

想想那些为爱赴死的人，即使没了爱情，也还有亲情和友情，所有真诚的感情都会给人勇气和活下去的动力，没必要选择诸如殉情这种极端的方式。

即使没有了感情，男女之间也可以发展出别的可能，比如，我们欣赏A的勇气，欣赏B的才华，欣赏C的温和，欣赏D的仗义……智慧的人生不分男女，不分国籍。

很多人无法理解人生的多样性，是因为他们从一开始就关上了通往不同道路的门。

# 以一种更好的方式去爱下一个人

他人总结出来的常识和规律，总有它正确的地方，只是我们常常用自己的理解去误读，才在失败之后责备这种常识。

《简·爱》是我少女时代的启蒙书，这本书一度让我非常着迷，我喜欢简·爱身上那种不向命运低头的韧性，我觉得这种韧性在人生的任何阶段中都非常重要。

成年之后，在两次恋爱中，我都把这种自以为是的坚强施展得淋漓尽致，以至于吓得男朋友落荒而逃。他们说人生太漫长，而我强势的性格，让他们失去安然度日、和谐共处的希望。

有了这两次失败经验，秉承着"失败是成功之母"的原则，我仔细思索过坚强和强势的区别。这的确是两个极容易在实际操作中混淆的概念，因为有很多人曾打着"性格坚强"的招牌行霸道之事。霸道是很让人反感的，它意味着专制，意味着剥夺别人的话语权，否定别人的正确性。

在我认识到这个问题之后，恰巧接到一个女伴的电话，她哭着说：因为她面对情感时总是显得很坚强，毫不在乎，所以在男朋友面对选择的时候，会先选择放弃她。因为他觉得她能够很好地调节自己的情绪，即使他离开了她，她也能好好生活下去。但是另一个女孩却显得那么柔弱，离开了他，她就无法生活下去，所以他只能选择照顾那个女孩……

她愤愤不平："我只是学着坚强，从不会轻易放弃自己而已，但为什么总是先被别人放弃？"

听了她的话，我心里酸酸的，因为我知道她并不是一个强势的人。我想，什么地方错了？

在世俗生活和凡人的包围中，我们很多时候都要放低姿态，学着用一种隐忍的态度低调地活着。这情景，如同一株被冷风压弯的小草，虽然暂时低头，却时刻在寻找时机，想重新舒展身躯。

这就是柔韧的力量，被压弯的弹簧如果离开了外力，就会恢复如初。

柔韧中的坚强，不是为了得到爱和命运的眷顾。事实上，拥有它有时候还会让我们受伤。生活并不会因为谁更坚强，就赐予她一个百分之百的爱人，也不会因为她更坚强，就对她格外眷顾。

坚强是一种活着的姿态。如同我的女伴，失去爱人虽然会让她痛苦，但是在时间强大的魔力下，她会恢复如初，会总结经验，会以一种更好的方式去爱下一个人。

不是因为她很坚强才会被爱人放弃，而是因为她坚强，所以不怕人生中一两次的失败。

我们会向那些我们爱的人服输，向这个世界服输，但是我们从不怕投入一场新的恋情，哪怕在我们充满希望和期待之后再经历一次失望。

我们会失去爱人，失去亲人，失去事业，偶尔也会失去幸运。但坚强的生活姿态，能让我们在受伤的时候用最快的速度调适自己，恢复元气。攀登人生高峰的时候，面对迈不过去的荆棘道路，坚定决心，剩下的只是方法问题。

那些无数次在人生风雨的冲刷中落泪的人们，在收拾心情重新站起来时，一定也问过自己要不要继续走下去。他们也曾短暂地怀疑过自己的人生，但最终不会放弃进取。

　　人生的成功方式有很多种，在每一条成功道路的尽头都有人生赢家。我想，这些人都是坚强的，他们一定从走过的路途中理解到，坚强最重要的含义并不是傻傻地站在原地，让风雨一次次冲刷自己，做着无谓的牺牲。而是在希望落空之后，还能学会心态平和，学会从头再来，永远不放弃对自己、对世界的信心。

# 爱是不需要理由的，婚姻却需要

在博客上看过一个故事：有个女孩和男孩相亲，对方条件外形都不错，和他在一起很开心，接触几次之后感觉很好。姑娘心动了，于是将此人划归为自己的未来伴侣。

一旦一个姑娘沦陷到一段感情时，就会向对方敞开心扉，约会聊天的话题也从小情侣们的风花雪月，变成了高瞻远瞩的未来规划。

可是这么幸福了一阵子之后，姑娘开始发现男生在某些方面挺有保留的。他很少带她见他的朋友，也不怎么提及他的家庭和过去，而且除了约会，其他时间对她的回应挺冷淡的。为此，姑娘先是和男孩吵架和闹别扭，最后沮丧地抱怨道："我都那么喜欢他了，他为什么就不喜欢我呢？我到底做错什么了？"

其实这个世界，没有人有义务喜欢你。爱情只是一种感觉，而谈恋爱只是一种两人相处的模式，如何成功地将恋爱模式经营到婚姻模式，需要彼此的互动和投入。

更残酷的真相是，即使你爱对方爱得很深，那也只是你一个人的事情。

有人曾说，每个大龄女青年都有一颗恨嫁的心。年龄大了，便有了来自外界的压力，让我们在邂逅了一个人，有了一点点心动时，就如同救命稻草一样抓住对方，以为一定能发展出天长地久的关系来。在最后才发现，原本感觉完美的恋爱往往只是一场错觉，甚至只是自己一个人的错觉罢了。

即使已经进入准婚姻状态，两个人的关系能否维持长久，还是未知数，而爱情只是其中一个因素而已。人始终是复杂多变的，一个人，有可能爱上很多人，包括不可能和我们在一起的人。

可是在爱情中，女人往往会把男人的语言和承诺深深植入自己的大脑，相信他们的甜言蜜语，把美梦当成可期待的未来。

恋爱中的人，了解对方容易，但很难真正认清彼此的差异。特别是女人谈恋爱的时候，常常是和自己幻想的对象进行一场只存在于梦境之中的完美爱情，当最终发现对方和她们的想象截然不同时，就会不自觉地把错误归因为对方，甚至变得歇斯底里，从而加速对方的逃离。

在下感情这盘棋时，即使你不停地强调你有多爱对方，你为此付出过多少感情，但不一定能让对方更喜欢你。

期望越大，往往失望越大，所以要及时调整自己的心态，爬出自我幻想的沼泽。爱一个人是不需要理由的，但当我们想把恋爱发展成为婚姻时，却还需要为爱添加必要的条件。同时，需要男女双方付出更真诚的努力与渴望，才能实现这个目标。

## 多么坚定的情感，也经不起无谓的消耗
[↗]

　　朋友和她老公是旅游时候认识的，双方一见钟情，交往几个月之后，便认定对方就是自己一直想要找的那个人。他们宣称彼此已经达到了灵魂伴侣的境界，容不下第三者，所以决定不要小孩。只要有时间，他们都会双宿双飞地结伴旅游，让朋友们很是羡慕。

　　但几年后，朋友忽然发现她老公有了外遇，虽然只是精神出轨，但仍然让她万分痛苦。其实这件事并非是她自己发现的，而是她老公在出轨了一段时间后主动承认的。他认为自己在这件事上犯了错误，希望朋友能原谅自己，能够帮助自己走出情感的困境。

　　在漫长的人生中，我们总会经历这样那样的考验，完美无瑕的情感几乎是不存在的，每个生活在俗世中的人总会经历肉体和情感上的诱惑。在我看来，这个男人能主动承认自己的错误，还是颇有

担当的，虽然不值得嘉奖，却也没有必要过分苛责于他。

朋友并没有采纳我的意见，而是加入了反出轨的QQ群，在那些同仇敌忾的姐妹们的鼓励下，对男人穷追猛打，还总说要防患于未然。她痛苦地宣泄自己，逢人就诉说自己从来没有想过老公会背叛自己，从而陷入了一种患得患失的纠结状态。

每当她发泄的时候就恨得咬牙切齿，发誓要好好教训丈夫，并让他为此付出代价。可是等她回到家，看见歉疚的丈夫，想起过往的点点滴滴，又觉得内心涌动着不舍和难过，不禁又想放下过去，和丈夫好好过日子，希望可以弥合如初。

如此纠结了很久之后，她开始了盯梢、跟踪、盘问，变成了一个多疑的妻子，丈夫出门超过十分钟，她就立刻打电话追踪，每天回来所有的行程都要详细汇报，QQ、微信、手机短信，每天都要检查一遍才能放心。

丈夫提出抗议的时候，她说："就是因为我过去太宽容你，所以你才会出轨。"丈夫心里有愧，只能一切随着她的意思。丈夫想一起度假，她说她没心情。丈夫偶尔给她买礼物，她也会甩出一个冷眼，认为他做这些不过是在赎罪罢了。每次当两人的关系稍稍缓解的时候，丈夫对她说一句甜言蜜语，她也会在瞬间拉下脸，对他冷语道："你对她也说过这些话吗？"丈夫知道是自己的错，所以也无言以对。

她总是无法收敛自己的这些尖刺，甚至发展到了公共场合。在朋友聚会上，她经常用这样的质问让对方下不了台。我想，若两个人一直这样生活下去，真的是一种极大的痛苦。朋友的丈夫挽回了一年之后，实在忍受不了了，只得向朋友提出了离婚。

朋友惊慌失措了，因为她并没有想过对方会真的离开自己。她说她只是想让丈夫知道自己错了，她仍然是爱着他的，并不想真正失去他。可是丈夫只有一句话：累了，因为这样的考验太长，带着一种绵绵无尽的绝望。在这段过程中，他也开始怀疑妻子对自己的爱，因为她不能包容自己的任何瑕疵。

他们最终还是离婚了。

曾经那样相爱的两个人，竟然以这样的结局收场，这让所有的人都唏嘘不已。生活的残酷远超我们的想象。相爱的人总是渴望从一而终的美好，可是人类大脑设定的机制就是渴望新鲜，渴望刺激，渴望不一样的体悟。这真是一个悲伤的悖论。

很多人都告诉我们，爱是忠贞，是付出，是包容。所有美好的事物都能与爱挂钩，只是，我们明白爱的道理，想做到却是那样难。

我想说的是，多么坚定的情感，也经不起无谓的消耗。爱有一张善变的脸，需要尊重和相互体谅，才能维持好感情。

　　当你被生活和爱情刺痛的时候，用伤害来消耗彼此，是一个最坏的选择。我们都老得太快，领悟得太迟，不要等到爱情消磨殆尽的时候才明白，若你不能原谅彼此，不能原谅对方身上的瑕疵，最终只能彼此遗弃。

# 专情是一门技术活

新修订的小说《倚天屠龙记》的结尾，张无忌娶了赵敏之后，周芷若来找他，让张无忌即刻兑现曾答应过她的一件事：不得和赵敏结婚。

张无忌很不服气，心想：即使我不能和赵敏结婚，我还是可以和她一起去草原，去波斯，然后生很多小娃娃，这点你总管不到。

周芷若仿佛看透了张无忌似的说：你尽管去和她结婚，生娃娃，等过个十年八年的，你心里就会只想着我，就只舍不得我。

很显然，金庸借周芷若的口表达了"婚姻是爱情的坟墓"这层意思。

张岱曾说过一句："多情者必好色，而好色者未必尽属多情。"我无法确定这句话的正确率有多高，但是一个深情的人，容易动心却是真的。人的优点，往往也正是他的缺点。

就像张无忌，是个深情的人，也是个多情的人。

勇于探险、勇于尝试新鲜事物，被认为是人类最可贵的品质，可是在爱情中，它却成了伤害对方的尖刺。

有这样一种看法：我们一生之中，大概会遇到四百多个可能的真爱，因为受到地域、年龄和其他不可控制的外在条件的制约，我们大约会跟其中的十个人发展出真爱。"你是我的唯一"这种境界，只能存在于理想之中，婚姻不就是专门对付人类这种不专情生物的一种契约吗？

电影《骑士之殇》讲了一段战火之中的爱情故事。影片的最后，男主角放弃了登上那只可以挽救自己生命的小船，成就了一段可歌可泣的爱情故事。

战争可以制造爱情，可以摧毁爱情，但最重要的是，它可以证明爱情。在生与死的面前，人会爆发出更强大的道德力量，有时候，感情怕的不是困境，而是平庸的生活。战争掩盖了爱情的琐碎，凸显了爱情的伟大。不管你如何强调自己的重要性，不论你曾经为对方付出了多少，在日复一日枯燥无味的生活中，再浓烈的爱情都会变淡。

比消磨更可怕的是生活中的意外和诱惑，因为这会激起大脑强烈的探索欲望和好奇心，所以从生物层面上来说，专情是一门技术活。

当一个人对你说"不再爱你"的时候，不必为他流泪，也不必否定自己，如果他想解除婚约，不必拼死拼活地挽留，也不要害怕改变固有的生活模式。

从某种意义上来说，我们喜欢一个人，总能找到另一个人来代替。

# 那些天崩地裂，总有一天会无关痛痒

人生起起落落，感情有得有失，这都在所难免。令人惋惜的是，很多本来可以争气的女人，却选择了负气的人生。

昆明火烧第三者的新闻报道后，大部分针对这个新闻的回帖是"死得好"——对于看客来说，没有牵扯到自己利益的热闹是最值得旁观的。

这件事让我想起了一个久不联系的男性朋友。他的爱情故事就像电影剧情那样悲伤。他有两个青梅竹马的女性伙伴，三个人从小一块长大。两个女孩都对他有了好感，他选择了和其中一个女孩谈恋爱，但在另一个女孩落难的时候，他也出手帮了她。在一次感情的交锋之中，他的女朋友一怒之下选择了割腕自杀。当被送入医院时，生命已经无法挽救。

　　我想，如果这个女孩活着，等她年纪更大一些，经历更多的人生风浪后，一定会后悔自己竟然会为三言两语就轻率地结束自己的生命。

　　和她一样选择负气的女人有很多——为了和父母斗气而放弃一份不错的工作，为了和男朋友斗气而选择嫁给一个自己不爱的人……

　　我知道她们很轻易就能把生活过得不快乐。

　　她们寻找幸福和安定的过程，就如同在悬崖峭壁上行走一样。她们把自己所有的幸福指数尽数维系在另一个人的心意之上，只要对方的心志稍有动摇，她们就能瞬间从天堂跌落到地狱。

　　对于已经决定放弃我们的人来说，不论我们做什么样的努力，也许都不能触动他们的心弦。亦舒曾说："当一个男人不爱你的时候，你哭闹是错，静默也是错，呼吸是错，就是死了也是错。"

　　而我们，在人生的进程中，总会遇到星星，遇到鲜花，遇到落日和朝阳，遇到温柔的风和雨……我们在路上，终究会发现感动自己的人生风景，并在不知不觉中放开那些伤害过我们的人和事。等有一天我们再回头时，会发现曾经以为那些会在生命中天崩地裂、山呼海啸的事情，早已经无关痛痒。

在充满变幻的人生中，岂能事事如意呢？很多人经历过午夜梦回、心酸落泪的孤寂，但第二天却又不得不咬紧牙关，用笑脸迎接新的挑战。

"人活着，就是为了争口气"，这句话激励了我们很多年，但逞意气之勇的人，并没有真正理解，我们争的这口气不是无谓的意气，而是相信自己有能力活得比现在更好。

新闻中火烧第三者的前妻，不曾尝试另一种生活方式或者其他人生的可能性，只是把幸福的定义狭隘片面地理解为"丈夫爱自己"，她把人生所有的不幸都归咎于第三者的出现。看到这个新闻时，我很为这个前妻惋惜，一个有勇气自杀的人，却没有勇气挑战人生的困局，反而用这种极端暴力的方式结束了自己和别人的生命。

我想，没有人甘心做一个失败者，但是负气的人，往往会用伤害自己的方法去惩罚他人。只是她们赌气时没有想过，淡忘是人的天性，在最初的伤感消失之后，每个人都会重新回到自己原来的生活中，遇见新的人，开始新的感情。但那些因为任性而放弃自己生命的人，却再也没有重来的机会。

# 王子，都是活在想象中的

A同学是一个"恋爱狂魔"。整个大学时代，她就是不停地恋爱，分手，再恋爱，再分手。

不要以为A很花心，事实上，她在跟每一任男朋友开始交往的时候，对他都有着近乎狂热的迷恋。可交往后，总能看出对方身上的一些缺点，导致热情慢慢退却，最终因为不能忍受对方而分手。

毕业之后，A还谈过两次恋爱。

每一次她都以为遇到了真命天子，憧憬着与他牵手步入婚姻的殿堂，但每一次都是以分手告终。

她的挑剔让我觉得，她不是要找男朋友，她需要的是一台"万能机器"，在她需要的时候能够随叫随到，并且二十四小时向她报告行踪，当然，这台机器还要多金、帅气，地位显赫。

A的功课很差，也没有拿到什么有含金量的证书，她选择了把精力放在寻找爱情上。

我常常想，正是因为A缺乏安全感，所以她在不停地寻找依靠，把所有的筹码都押在寻找一个完美恋人这件事上。A想要改善自己的生活现状，她选择了一条捷径——投入一场恋爱，享受别人的照顾，貌似要比努力提升自己要容易得多。

A总是在挑剔对方的缺点，却从不反省自己的内心世界，她从一个人身边流浪到另一个人身边，不停地寻找别处的生活和下一个依靠。但是，只要她把希望寄托在别人身上，就只可能收获失望。

其实她原本不必绝望，因为她还年轻，可以将对男人的期望转化为对自己的要求。

这个世界的守恒体现在方方面面。通常男人比女人掌握更多的话语权，比女人拥有更多的资源支配权，很大一部分原因是因为他们受的压力更大，承担的责任更多。更多的时候，一个不工作的女人能被人接受，但一个不工作的男人会被人嗤之以鼻，因此，他们只能选择更强大。

我看过一个很有意思的问句："王子是怎样炼成的？"

在我看来，王子就是天天被馅饼砸中的那个人。他天生有个好老爸，这个老爸要无条件的能干、大方、宽容、很爱他，为他打下一大片江山来享受。他天生拥有英俊的相貌、毫无赘肉的身材、飘逸的秀发、温柔动听的声音和细心体贴的性格。更重要的是天生要有一颗乐于扶贫的心，整天想着找一个脏乎乎样貌普通的灰姑娘来照顾。

我们迷恋过的王子，都是这样被幻想出来的。

虚构中的王子，极致完美，但遥不可及，而我们都是生活在现实之中的人。

人生，要经历无数次悲欢离合、风吹雨打，但依然有很多可爱又可敬的小人物，在胼手胝足地开拓着未来，因为他们依靠不了别人，只能期待自己的努力。他们才是现实中的王子，平庸狼狈，但坚强接地气。

现实中的王子终究会变成大叔，没有人在乎，没有人怜悯。

别 在 该 动 脑 子 的 时 候 动 感 情

PART 3

谁也不是谁的谁，
动什么也别动感情

对婚姻的期待越大，明白婚姻真相的时候摔得就越惨。

若有自给自足的能力，何必将自己置身于一个类似于宠物的从属地位呢？

所有人都熟悉了这种励志的句式：把自己修炼得更好，才能得到更好的伴侣。她们不曾想过用另一种方式：让自己更完整，才能像男人挑剔女人一样挑剔男人。

不必感激曾经伤害过我们的人，因为恶意从来都无需原谅，它耗费了我们内心太多的能量去转化、去理解；我们应当感激伸出援手的人，因为人与人之间靠着善意而相互依存。

# 身体比心更早明白答案

　　有个女孩交了一名非常挑剔的男朋友。他品位不俗，却不是真正的有品，只不过是较他人来说更懂得"挑剔"罢了。他们每次出门约会，女孩都要精心打扮，并且一定要换上高跟鞋，因为男朋友觉得高跟鞋更能凸显女性优雅的气质和曼妙的身材——只是她并不太适应穿高跟鞋。

　　有一次约会吃晚餐，他俩在雨中走了半个小时，依然没有找到一家让男友觉得合意的餐厅。要知道，当晚女孩为了讨好男友，特意挑了一双八厘米的细高跟鞋呢！每当遇到水洼，她都得放慢脚步，小心翼翼地通过。面对湿滑的路面和阴冷的雨天，她好几次都想说，随便找一家餐厅吃吧！可是看着男友皱眉噘嘴如罩寒霜的脸，她犹豫了几次，终究没有开口。

终于，在路过一个水洼时，她扭伤了脚，赌气停了下来。看着他不快的眉眼和带着冷意的背影，她忽然想通了。

她脱掉了高跟鞋，在路边随便买了一双平底鞋，轻松地回到了自己家。

她的脚伤渐渐好了，康复期间，身体的疼痛反复提醒着她：这份爱应该延续还是应该放弃？

每个人都会为了生活适当约束自己，却并不会为了生活故意为难自己。只有自己的身体，最清楚自己思想深处想要的答案。

疼痛，促使她选择了和前男友分手。她慢慢回到以前随意又闲适的生活中，同时也找回了自信。

这个故事让我想起了一句心理学中的话：我们的身体往往能比我们的心更早得到答案。即使一件事我们不知道如何选择，也会在一瞬间对他那些细节动作产生或喜或恶的情绪。

古人云："身体发肤，受之父母。"去掉其中迂腐的部分，我们可以理解身体对我们来说有多么重要。身体支撑着我们每天的活动，大脑帮我们擦亮双眼，让我们做出正确的判断，避开那些不必要的危险。在漫长的时间旅行中，我们常常会失去重要的东西，唯有身体会陪伴着我们，一直到我们的精神湮灭于尘土之中。

　　生而为人，总会有一些情感，让我们愿意委屈自己身体的感受，迎合对方的喜好。悲哀的是，被爱情蒙蔽双眼的人，常常会忘记那句话：真正爱你的人，不会舍得你受到伤害，而不爱你的人，也不值得你为他伤害自己。

　　有人说，精神才是永恒的，肉体的伤害不重要。但是我们的精神要依附于肉身才能存在，不论精神如何强大，没有人能直接忽略肉身的需要。况且并非每个人的精神都能永恒，人要依赖肉体才能活着。所以善待我们的身体，是最简单不过的常识。

　　人们总说，成功人士的重要特点是"精力充沛"，若说成功依赖于八小时之外的努力，那么精力充沛就是成功的前提。在和时间赛跑的日子中，我们善待身体，身体才能善待我们。

# 无限照顾男人，就会换来幸福吗

俗话说"女大三，抱金砖"，说的是男人若是娶到一个比自己大的女人会很幸福。这种娶大龄女人会幸福的想法，往往是老一辈灌输的。有社会调查表明，很多被女性过分照顾的丈夫，反而更容易出轨。

我观察过姐弟恋，不论在电影中还是在现实中，年纪较大的女人总是会认命地扮演好母亲或姐姐的角色，将丈夫的生活照顾得无微不至。在偶有矛盾的时候，她们也会想：唉，反正他比我小，就当是他不懂事吧，忍一下就会过去。

有一个朋友，娶了一个大自己几岁的妻子。他虽然在家里不用干任何家务，但他依然觉得精神苦闷，因为妻子总像妈妈一样叮嘱他要上进、要努力工作，每当他有一刻的松懈，立刻就觉得从背后传来两道凌厉的敦促眼神。

久而久之，他甚至对妻子有了心理阴影。有时候，即使妻子不在家，他也会下意识地觉得不痛快，感觉时时刻刻被人监督着。

他们的夫妻关系一度很紧张，到了剑拔弩张的地步。妻子觉得自己很委屈，她说，她为家里付出了这么多，起早贪黑，可是到头来却还处处被丈夫埋怨。

这个男人还有一个弟弟，弟弟的妻子却备受宠爱。不仅丈夫疼她疼得紧，在家还不用干任何家务。明明是四十多岁的人，看起来却像刚满三十岁。两相比较，她大嫂明明和她年纪相仿，看起来却比她老十岁。

弟弟的妻子是一名干练的经理，但笑起来却仍然天真单纯。她每次和朋友的弟弟在一起时总是微微笑着，笑起来眼角虽然带着皱纹，但是神态看起来却像个小孩子。

朋友的妻子说，真奇怪，她明明什么也不做，只是甜甜地笑着，就能得到那么多宠爱，这个世界真没天理……为什么同样是生了两个孩子，她却一点儿不显老，甚至看起来还像一个轻盈灵巧的小姑娘？

天真与幼稚，二者有着天壤之别。

我想，理解了天真本质的人，一定不会再有这样幼稚的思维能力。

有些女人不管年龄多大，内心深处总是住着一个小女孩，这个小女孩长在她们的骨子里，呈现在她们的姿态中，带着梦幻、甜蜜、纯真和快乐。不论她们在工作中表现得如何强悍，但在面对自己的爱人时，这个内心深处的小女孩总会以各种各样的姿态释放出来，令深爱的人感到轻松、喜悦与留恋。

没有安全感的女人，很多时候是由于她们没有自给自足的能力，往往做不到这样天真。她们太害怕失去一个男人提供给自己的物质资源，所以患得患失，拼命想用控制的姿态挽留住这个男人。

她们尽最大的努力去敦促这个男人进步，但这却让男人感到窒息，并想要逃离。每当感觉到这种逃离的信息时，她们就会抓得更紧，最终将两人都搞得疲惫不堪。

同样，她们看不起别人的天真，仅仅把这些天真当成幼稚。

殊不知，存在于爱人间的天真，是一种相信爱、依靠爱的信号，当她们和男人待在一起时，能用骨子里的天真将这种信赖传递给对方。

这种恰到好处的谨慎，正是维系爱的最好态度。

对男人这种"征服者"来说，一味强调女性付出和牺牲的观点，早已不适应他们的情感需求。

而瞥见了女人内在天真的男性，很难忘怀这种单纯。男人们享受着这种保护对方的姿态，渴望为她付出的越来越多。他们经常绞尽脑汁，想用手中的糖果换取"小女孩"们片刻的欢愉，宁愿自己承担一切，甘愿付出更多。

## 梦想是最有品位的奢侈品

曾发生过这样一件事情：原本是朋友的两个女人，一人在朋友圈内晒了价值十万的情人节礼物，而另一人觉得她品味太低，在留言中暗讽了几句，惹来了她强烈的不满。而后两人开始了奢侈品竞赛，不停地在朋友圈内晒男友送的礼物。若不是被人劝住，这场比赛可能要上升到斗殴的地步。

与拥有奢侈品相比，我更希望她们能有梦想。

曾几何时，梦想变成了一个奢侈品，很多人都买不起，很多人止步在追逐梦想的半路上，还有些人则根本没能力去追逐梦想。只有很少的人能坚持到底，最终实现梦想。

一个人最大的贫穷是庸俗地活着，从生到死都没有为梦想奋斗过一次，永远只靠别人来满足自己的欲望，或等着天上掉馅饼。

那种需要附着于外物上的华丽品位，无法长久。当你失去了金钱、地位、学历的时候，你还剩下什么？当这个世界大多数人为了生活而奔波劳碌时，你凭什么能活得逍遥自在呢？

我们无法选择家世、国籍，但是我们可以拥有梦想。人生中，除了开宝马的快乐，挎LV包的快乐，住豪宅的快乐，还有很多金钱买不到的快乐，就像脚踏实地的勤奋，怀揣梦想的勇气，足以养活自己的薪水，有价值的技能，以及相信自己一定能实现的目标等，都可以为一个人带来无穷的欢乐。

乐观、梦想，这种品位是无敌的。老男人之所以愿意用豪车去换这种品位，因为他们在有条件之后，想补偿失去的青春，享受奋斗时没享受过的快乐。

一个有品位的女人，首先一定是个乐观、阳光、开朗的人。其次，她也一定怀揣着美好的梦想。有了这些，就会有幸福感，相信自己有把握幸福、创造幸福的能力，并相信这就是自己的品位。我见过很多有风度又优雅的事业有成的女人。她们在努力实现梦想时，也获得了自信。她们因为自信而美丽。

生命中的每一天，都应该过得充实而有意义。这样，到老的时候，我们才不会后悔，暗自嗟叹自己的一生白过了。

这样的品位，才是无价之宝。

一个有正常审美趣味的女人，大多会喜欢和自己年龄相仿、谈吐风趣、身材健壮的男人，除非有特殊要求，否则很少会选择一个年龄大到足以成为她父亲的老男人。

若有自给自足的能力，何必将自己置身于一个类似于宠物的从属地位呢？

当一个人不付出汗水就有很多钱，久而久之，一定会觉得空虚。坐在宝马车里也会形成审美疲劳，更何况还不会获得他人的同情。何不换个地方去哭呢？比如，成功的领奖台上，你喜极而泣的眼泪；跑步时，汗腺中会有一种极大的快感，这似乎说明挥汗如雨才会体悟到快乐。

二十岁的时候，我也曾抱怨，为什么我奋斗一年，也许还不够别人吃一顿饭的？也许我耗费许久心力的事情，别人一个电话就能办到……

但挫折越多，我就越明白，是生活在提醒我，人在任何时刻都不要放松，你还和理想的生活有很大的差距，只有大踏步地追逐梦想，才能心安理得地享受幸福。

# 像男人挑剔女人一样挑剔男人

　　女作家严歌苓有一段流传于网络的话："我每天下午三点前写作完，都要换上漂亮的衣服，化好妆，静候丈夫归来。你要是爱丈夫，就不能吃得走形，不能肌肉松懈，不能脸容憔悴，这是爱的纪律。否则，就是对他的不尊重，对爱的不尊重。"

　　这段话后来被证明是以讹传讹，严歌苓本人并未说过这段话。我也更倾向于相信这句话是对严歌苓的误解，因为以她现在的能力、经历及认知，必然能完全融入生活，无需再以这般取悦对方的仪式般的姿态来博得丈夫的好感。

　　而这段话之所以被广泛认同，是因为女性即使经济独立，但意识上仍没有独立，其他的附着物，诸如才华、地位、财富，终究仍是两性市场上的资本。认知能力和工作能力，有时候并没有成为她们赢得家庭尊重的筹码，反而成为了另一种负累。

长久以来，有一种普遍的共识：成功女人的婚姻与生活大都不太幸福，所以她们应当回归平凡，学会用一手好菜和低眉顺眼的姿态拴住老公的胃和心……这才是明智的做法。

我的一个朋友在感情失利的时候，曾经说过一段很悲愤的话："这个社会对女人的限制太多，导致女人年龄一大就各种没安全感，被迫做出太多无奈的选择。女人总是在事业和家庭之间难以两全，忙于工作的女人更容易被男人抛弃，这就是不依靠男人想自己成就事业的中国独立女性的悲哀。"

生活的苛刻之处就在于人与人之间有区别，就像选择自己想过的生活，每个人需要付出的代价和成本不同，只有少数人能保证自己的选择是完全自由的。同样的生活，女性需要付出的代价总是更高一些。

到现在，所有人都熟悉了这种励志的句式：把自己修炼得更好，才能得到更好的伴侣。她们不曾想过用另一种方式：让自己更完整，才能像男人挑剔女人一样挑剔男人。

诚然，好男人有能力赚钱，好男人能给予女人安全感，但女人还是先让自己强大，才有可能得到更多的幸福。

　　当我们有足够的资本负担自己的人生，而不是慌不择路地进入一段婚姻时，就有机会慢慢寻找这片叶子和另一片叶子的区别，体悟出情感的罕有、精细。此时，我们看向男人，不是从他的衣服举止猜测他的身份、背景与经济实力，而是落落大方地去欣赏他男性的魅力——虽然世俗，但却灌注了人间烟火的曼妙滋味。

　　大胆的投入爱情吧，只要你有足够的资源——是的，爱与被爱都是一种能力。

　　去爱，爱一个人的灵魂——若是他有，爱他的精神——如果与你相通，也爱他的肉身——因为这是灵魂的栖身之所。

# 扔掉过往，不管曾经爱得有多深

一次安慰一个离婚的朋友，我刚礼貌性地问候了一句，她就立刻如竹筒倒豆子一般数落起老公来。

先是说老公现在如何不理她，怎样和第三者在一起……将发现第三者的情形详细描述了一遍后，她又开始回忆老公之前对她有多好……

我发现，她回忆老公对她好的时间，远远比分析老公出轨及婚后自己如何修复心理的时间要长得多。

他们本已经离婚，她早就应该放下过去，奔赴新生活，可她却仿佛还活在那段伤人的旧婚姻中，迟迟舍不得退出身来。

她反复强调，他们曾经相爱八年，从大学到工作，后来分居两地，再到后来历经艰辛回到同一个城市，本以为会和童话中的王子和公主一样幸福地过完后半生。可没有想到，那样深厚的感情，竟然也能被另一个女人替代。

她不厌其烦地讲她老公如何在大学中追求她，两个人如何从恋爱走到婚姻，中途他出国一年，每次回来，他给她带了多少礼物……

之后，我做了她大概一个月的情感陪聊——她倾诉他曾经对她的好，倾诉了整整一个月。

我一直没问过她，对这样一个放弃她的男人，即使他曾经再好，如今想这些还有没有意义？

她一直尝试着向我证明她老公有多爱她，但出于对她的了解，我知道这种"爱"只是她习惯了强势，心安理得地享受老公的宠爱，绝不会甘心败给另外一个人的心理反应而已。

可是，现在早就不是那个"山无棱，天地合，才敢与君绝"的山盟海誓的年代。在生活的冲击和外界的诱惑下，人的感情瞬息万变。每一个跨进婚姻殿堂的人，都不知道下一步会发生什么。

人与人的感情，有时候脆弱得让人感到悲哀。

虽然不乏情比金坚、终身不离的例子，但是人生的际遇，谁也无法预料。所有的情感都是流动的。有的人可以相互依存，共同"流动"；有的人却只能在中途上岸，一人独行。如果"始乱终弃"的事发生在我们身上时，除了接受，似乎也没有更好的办法。

语言上的谴责、金钱上的补偿、道德上的制高点，都不能解决心理上的失落。我们只能学着慢慢淡忘，将这个人从心中一点点剥出扔掉。

几年的时间，身边所有的东西都染上了他的气息。一旦他离开了，我们唯一可以做的就是坚强。要获得这种坚强，首先要做的就是忘掉他曾经的好。背负了爱情的伤害，却不能停下脚步，不要忘了，成长的本质就是孤独地对抗世界。

如果说仇恨和嫉妒可以让人强大，那么爱会让人产生深深的痛苦。有一首四行小诗：

> 假如我不曾见过太阳，
>
> 我也许会忍受黑暗，
>
> 可如今，太阳把我的寂寞，
>
> 照耀得更加荒凉。

无论我们如何惋惜，对方也不会再回头——男人若决意放弃感情时，总会比女人更决绝、更残忍。想让自己尽快愈合伤口，就要尽快忘掉他的好，从心底扼杀他可能回归的念头，接受失去他的现实，抹掉生活中关于他的气息。

如果一个人让我们的心灵背负极大的痛苦，最好的方式就是丢弃他；如果一件事能让我们变得丑陋，最好的办法就是不去做它。对于那些主动放弃我们的人，真的不必回忆曾经与他爱得有多深。

## 良心有风险，暧昧需谨慎

两年前，亲戚中出现了一条爆炸性新闻，一个平日里看起来温文尔雅、老实和善的模范丈夫，在结婚两年后，突然领回来一个带着小孩的女人。几年前，他俩曾经谈过一场无疾而终的恋爱，两人分手后，女人发现自己怀孕了，就偷偷把孩子生了下来。模范丈夫从来都不知道自己还有一个小孩。现在小孩已经两岁多了，因为生活拮据，女人希望孩子的生父能够承担抚养义务。

模范丈夫是一家知名企业的经理，每年有上百万的收入，比前女友的生活状况好不知多少。模范丈夫也给过前女友和小孩一笔钱，但这笔钱却让前女友在这个"丈夫争夺战"的泥潭中陷得更深。她说，孩子的父亲必须保证她和她的家人生活衣食无忧，至少可以买车买房。这实在是一笔糊涂账，况且模范丈夫并非婚内出轨，无法从道德上谴责他太多。可是，一个单身女人带着孩子四处奔波，实在不容易，提出这样的要求也让人无从苛责。

只是模范丈夫的妻子也有孩子，她自然不愿意离婚。三个人苦苦纠缠了一两年，最后闹得人尽皆知，三败俱伤。

如果这是一个赌局，前女友唯一能赌的就是男人的良心。但"良心"实在是个无法捉摸的东西。

大家都知道木桶原理：木桶容量取决于最短的那块木板，我们若是想要尽可能多地在桶中装水，就需要加长那块短板。

人生的风险也是如此。要想增强抵御风险的能力，就必须提高可控性，降低随意性。生活中，通常谁更容易受伤，谁就更倒霉；谁更爱冒风险，谁最后就要为伤心买单。

爱一个人需要勇气，因为爱上一个人，全身心地为他投入时，需要承担被抛弃的风险，有可能你所有的痴心只是错付，你所有的努力只能换来白眼，绵绵的情话只是一个人的独唱。而为一段不确定的爱情和一个不知道爱不爱你的男人付出太多的时间和心力，实在是得不偿失。

要想成为一个通透的人，需要对自己残忍一些，丢掉那些不必要的妄念，在没有受到更多伤害之前收手。要知道，男人往往比女人更理性更冷酷，若是将所有的希望都寄托在一个男人身上，失败了又将如何自处呢？

杜十娘和美狄亚们，学会舔舐自己的伤口，收起自己的天真和幻想，把自己拉回到现实中来吧！我们无法预估别人会做什么，我们唯一可以做的就是，将别人可能对我们造成的伤害降到最低。

但让人感到奇怪的是，很多女人在遇到一段不被看好的爱情时，总是对关心自己的人甩出一句"我自己选择的爱人我自己负责"，但在被抛弃之后，又常常以受害者的姿态，哭诉男人的始乱终弃。还有不少女人在男人求欢时，先是不忍心拒绝，后是不小心怀孕，最后就哭闹着要男人负责。

赌博常常会输，但是还有机会重来。生活带来的伤害，虽然也会被时光慢慢抚平，但会在人生的传送带上留下一道伤痕，让我们的一生为这道伤痕而颤抖。

如今避孕技术和避孕措施越来越高明，打不打算怀孕，生不生这个孩子，双方应事先进行慎重考虑。我实在不赞成女人把孩子当作自己盲目冲动之后向男人勒索的筹码，这样不仅贬低了自己，也作践了孩子。

女人更应当为爱负责，不能只会在受伤之后大骂男人的负心，而应该在投入一场恋爱之前，有能力辨识这个男人的品格，学会控制自己和拒绝暧昧，在决定生下一个孩子之后，能做个在经济和心理上都足够成熟的母亲。

# 所有的问题，结一次婚就解决了吗

天涯论坛上有一个关于待嫁女的高楼贴，主要针对女性择偶问题，讨论什么样的女人最好嫁。大抵说的是，有三类女人最好嫁。

第一种是家境富有的女人。这个道理倒是很明显，自古以来即是如此——皇帝的女儿不愁嫁，再丑的公主也能嫁到帅哥，古人诚不欺我。

第二类女人是自我强大型的，相比于前一种，即使先天条件不算好，这类女人也能凭着改变命运的自觉意识，完善自我的能力，为自己争取到更优秀的男性基因和社会资源。

第三种算是相对最不靠谱的一种了。本身貌不出众，才不惊人，却希望遇见一个又能赚钱，又很专一，还很爱自己的人，让自己一辈子在家里做米虫。这样的几率，几乎比中500万的彩票还要低。

其实这类帖子在很多地方都已经泛滥成灾了——诸如女人嫁给什么样的男人才幸福，或者男人喜欢什么类型的女人，再或者就是女人择偶的多少条标准云云，将人简单脸谱化之后，大致罗列出一二三四条供未婚男女来参考。

婚恋，在这里更类似于一种利益交换，双方摆出彼此的条件之后各取所需。情感被视作嫁娶的依附条件，虽然也有存在的必要性，但在很多"嫁人指南"之中已不是第一要务。

其实如果婚恋真的仅仅是一种利益交换倒也罢了，至少不会有后来共同生活衍生出来的各种烦恼，但是婚姻本身，又恰恰是一项利益和情感交织的行为。每个人都逃脱不了肉身的生物需求，所以不论男女都渴求着强大的资源提供者，用很多人的话说，嫁给好老公，或者娶了一个好妻子，至少可以"少奋斗二十年"。

可是，每个人都希冀着对方给自己提供资源，让自己取暖，却忘记了对方也是人，也有情感需求，应该彼此温暖、相互拥抱才对。我们都渴望着对方能嘘寒问暖、知冷知热，那谁应该做提供热源的"太阳"呢？

灰姑娘的故事骗了一代又一代的人，大部分人都觉得自己是落难的公主，有朝一日会遇见自己的白马王子，大家不愿意相信一个现实——灰姑娘若是不努力，永远只能做生活的陪衬，而当不了人生的主角。

相对于在事业中搏杀的男人，女人们对婚姻、对家庭的渴望更大，需求也更多。不可否认，女性在家庭中要付出更多的时间、投入更大的精力来照顾家庭、老人和孩子，她们要求的回报只是安安稳稳地过日子而已。悲剧的是，女人在精神上太容易依赖男人，相信男人所描绘的美好前景与幸福时光，所以能给女人这样生活的老实男人，总不如会哄女人的男人那样讨女人喜欢。

男人们的誓言不能过分相信。不是有一句十分经典的话吗：誓言只在它被说出来的那一刻才是真的。当一个人在真心爱你的时候，他说出来的话可信吗？当然可信。只是誓言终究是可变的，说出誓言的人很多，努力去实现誓言的人却很少。

最好的处理方式是，听完之后，优雅地忘记。不要等到被命运扇过耳光之后，才明白人最终只能靠自己。

不论男女，都很现实。这并不是贬损世人，只是一个真相。生活的风雨太沉重，大部分人都承载不起另一个人的生活与精神世界。

女人在结婚前总是充满了希望与憧憬，希望对方能提供给自己一个遮蔽风雨的港湾，能通过婚姻来解决自己人生的大部分问题，希望有了婚姻之后就"从此过上幸福快乐的生活"。事实上，对一个能承担自己物质和精神的强大心灵来说，结婚只是换了一种状态，一种体验，一种经营生活的方式，从婚前到婚后，幸福感与精神状态不会有什么太大的改变。

门当户对的婚姻之所以幸福，就因为双方处在一种平等的状态下，不会患得患失，无需用彩礼的多寡来证明爱意的深沉，更不需要把所有改变人生状态的意愿都集中在一次婚姻上，妄图通过婚姻改变人生。

我认识一个女人，向别人借了十几万元报了一个MBA班，她没有认真学习，更不曾努力工作，只想通过这样的形式来寻找一个能负担自己后半生的有钱丈夫。可惜她相貌普通，工作能力普通，几年时间下来，既没有学到什么东西，又耗费了大量的金钱和时间，导致自己错过了同龄的适龄对象

对婚姻的期待越大，明白婚姻真相的时候摔得就越惨。

这个世界没有无缘无故的爱，也没有无缘无故的付出。很多人都渴望有一双强有力的大手，搭救自己离开现在的困境，不计回报地对自己好，担负自己的后半生，让自己能够衣食无忧。自己不愿

意付出努力就实现很多的愿望，这种好事，除了溺爱你的父母，谁都不会给的。

这样的故事，大抵只存在于幻想中，经不起现实的风吹雨打。

这个世界是守恒的，你在哪个层次，就只能接触到哪个层次的人。即使钓得金龟婿，不对等的关系不会牢固，无论是精神还是家庭环境，即使表面风平浪静，内里也早晚会风起云涌。

抵达幸福的彼岸，需要自己摆渡，需要努力完善自我，需要能提供幸福能量的内心世界。要冲破困境，改变命运，改变自己的处境，永远只能靠自己坚持不懈的努力，而不是通过结婚这种方式来进行。

# 好日子坏日子，都是自己选的

朋友 A，小时候家里非常穷。本来，只要能保障基本的生活，贫穷不是一件致命的坏事。有些时候，贫穷甚至还会激发一个人内在的潜能。

然而，A 虽然表面上若无其事，但是内心深处却极度厌恶自己的家庭。对贫困的过度敏感，直接影响了她日后的处世态度：初中毕业后，家里没有多余的钱供她接着读书。她选择了外出打工，那时候她也断断续续给我留言，其中说得最多的是，她无论如何都要成为一个有钱人。

受到学历的限制，她南下打工的时候一度非常贫困。说不上是幸运还是不幸，她通过各种方式认识了一些有钱人，并很快和其中一个中年男人打得火热。中年男人往往比年轻的姑娘更讲实际，他虽然不能离婚，却能提供给 A 安稳的生活。

A 的 QQ 及微信签名的格调，逐渐从一个土气的农村姑娘变成了一个时髦的阔太太。渐渐的，她隔三岔五地在朋友圈晒出名车、名犬及各国旅游的照片。

后来她怀孕了，但对方却不能给她名分。一起长大的伙伴有些担心，托我劝一劝她不要任性。我认为这是无用功，却不忍拂逆朋友的好意，还是婉转地转达了大家的担心。但她告诉我，现在这种生活就是她一直想要的。对她来说，最让她害怕的并不是旁人的眼光，而是从小扎根在心中的对贫穷的恐惧。

朋友 B 与 A 不同，她一直都在平凡的环境中长大。父母的关系说不上好，但也不坏：不离婚，但也不是多么相爱，只是像大多数平凡的夫妻一样，彼此关心对方。

B 家有两个女儿，她是老二。出生时，父亲对她的性别多少有些失望，这种情绪影响了她。B 从小就争强好胜，为了让父母承认自己的价值，她一直严格要求自己。

高中毕业后，因为家境的原因，B 没能上大学，她忘情地投入职场，全力赚钱。在时间和产出上用最严苛的标准对待自己，努力模仿成功人士。

B的严于律己和积极向上的韧劲，吸引了一位男士的眼光。B认定了他就是自己未来的老公，开始用自己的高标准要求对方。她定下了很多条条框框，如两个人不赚到两百万就不结婚；结婚必须要在某处买一套房子；男朋友必须获得什么样的工作岗位……这个男士一开始还努力与B共同奋斗，可是他努力了四年，始终无法做到让B最满意的状态。两人的婚期只能一日一日往后拖，眼看双方都三十多岁了，他终于忍不住向B提出了分手……

B失落消沉了很久。她想创造更好的生活，却不知道到底哪里错了，导致身边的人都不喜欢她，最终都悄悄溜走了。

A对生活放得太松，在努力失败后，她选择了最快捷的方式来达到自己的目的。而B对生活抓得太紧，太渴望被认同，一直用明天未知的惶恐来消耗着今天的丰满。

人们常常用自己的心态活着，而心态决定了我们的处世方式。

我们的身体和心灵，常常设定成迎接痛苦的姿态，只有这样才能学会未雨绸缪、约束自己，充实加固自己的心灵壁垒。

苦难会消耗我们的心灵，不管是靠自己发掘还是靠生活给予，都要刻意或不经意地发掘出几粒"甜枣"，让疲惫的心灵品尝到生活的甘美。这样才能清空心灵，让身心回归到平凡的本质，准备下一次的远航。

常听人说，不紧不慢、从容不迫的生活才是最好的生活。所以，不要费力地调整生活来适应我们，而要常常调整自己的状态去适应生活。

淡定而诗意地活着，靠自己的心态和不断增长的能力去消减未知的惶恐。每个理解了生活本质的人，都是这样经营着自己的幸福。

# 没有谁一定要对另一个人负责

作家冯唐说：妄念就是一个自己挥之不去，但又必须依靠他人才能实现的愿望。

当我们为求而未得的东西感到伤心失望的时候，可曾想过，我们之所以得不到这些人或物，是因为他们原本就不属于我们。

人们常常把偶然当成必然，把一时一地的幸运当成常态。却不知道，命运无常，喜欢以捉弄人为乐趣，所以常常让我们在苦与乐之中辗转，反复得到或是失去。

当我们二十岁的时候，有人给我们送花和戒指是生活的常态。当我们四十岁的时候，不需要为失去这些而感伤。

因为这些是他人对我们的赠予，得到这样的快乐会有附加条件。

比如年轻、貌美或是能力强大。

一个写女人的段子说:"你喜欢什么,要学会自己去买,不要总是等着别人送。"男人爱上一个女人的时候,总是渴望用物质来表明真心,用物质来证明自己对女人的价值。只不过,男人们提供资源往往是有条件的,每个人都渴望用最少的资源换取最大的利益,所以中年之后,那些没什么责任感的男人,容易把资源分享给更年轻、更漂亮的女人。

我见过很多遭遇老公背叛或男朋友出轨后痛哭流涕的女人。他们曾经对她们那么好,现在却又把同样的好给予了别的姑娘。她们喜欢反复追问:不知道他当初有没有真正爱过我?若是爱过,为何再也不像以前那样对我好了?

我听着她们口中说的"好",大抵是他曾为了她的一皱眉而惶恐不安,为了她伫立在冷风中,为了她想要的未来去努力拼搏……当她们把未来所有的愿望都放在对方身上后,却发现对方转身离开了。

靠自己去实现自己的愿望是女孩独立的第一步。这个世界上,并没有谁一定要对另一个人负责,即使是父母,也总有撒手不管的一天。此后,我们迈出的每一步,做出的每一个决定,都要对自己负责,并由自己去承担后果。

　　在心灵疲惫的时候，谁都渴望有一个肩膀能帮着扛起所有的风雨，扫清人生道路上的荆棘。但是，每个靠自己努力追梦的女孩，都是那种明白"甜味不久留，美梦不常驻"的人。她们不沉溺于梦境，因为她们清楚地知道，靠自己挥洒汗水实现的愿望，才真正属于自己。

## 生活虐我千百遍，我待生活如初恋

朋友上高二时，成为一个插班生——父母想尽办法将她送到了那个师资力量不错的班级——尽管她家只是小康之家，并没有强大的经济能力。

看过电影《大象》的人都知道，学生世界的残酷有时比成人世界更甚。这个姑娘一来到这个班级，就受到了大家的排挤。她遭到了一个"带头大姐"的嘲笑，此人勒令所有人都不许和这个插班生说话。人性的残酷，在这个时候展现得尤为明显。本来一开始有几个人还试探性地和她交朋友，可过不了多久，这些"犯规"的人就会被报告给"大姐"，继而遭到众人的惩罚。

这一待遇一直持续到高中毕业，在孤立之下，她只能选择努力学习。幸运的是她的成绩一直不错，上了一所好大学。升入大学后，她终于能和同学们打成一片了。

很多年后，我再遇见她时，她正在满世界旅游。她学习了瑜伽、摄影，做了美容，经常和同事们联谊，笑闹着打成一片……过往的伤害没在她身上留下太重的痕迹。她很幸运，能从少女时代的重压中走出来，而不是自暴自弃。

在成长的旅途中，每个人都曾流离失所。

当没有足够的力量抵御来自人群的敌意时，我们大都怀疑过自己的人生，在痛苦中否定过自己的价值。

有心理学家说，大众最喜欢做的事，一是锦上添花，一是恃强凌弱。人们本能地依靠强者，贬低弱者。对这一点，我们不能过分责怪，只能站在制高点去理解他们，因为这是人性中自我保护的本能。

每一种生物，都需要在自然界争取自己的一席之地。较之于其他生物，人类最可爱之处是除了竞争，还有爱，能在付出中体悟快乐。我们都在摸爬滚打中练习成长，从柔弱到坚强，从无知到智慧。

我一直认为，不必感激曾经伤害过我们的人，因为恶意从来都无需原谅，它耗费了我们内心太多的能量去转化、去理解；我们应当感激伸出援手的人，因为人与人之间靠着善意而相互依存。

我们在受伤中一次次加强自己的心灵壁垒。我们学习技能，我们囤积物质财富，我们提高思想认知，加强领悟生活和消化痛苦的能力。

女人们常常通过购物来发泄不满，这是一个不错的方式。当内心郁结和痛苦时，用自己的经济能力来负担和消减精神上的痛苦，无毒无害，屡试不爽，这是我们慢慢总结出的一种消化伤害的方法。

成长，就是慢慢培养出属于自己的防御系统，消化和理解来自人群的伤害。

真正的强者，是温柔而坚强的。如那个插班的朋友，即使生活伤害过她，她却永远善待生活。

这样的人生态度，大约就是"生活虐我千百遍，我待生活如初恋"吧！

## 在爱中，才能觉知到幸福

朋友问：人为什么要结婚？

我说：微博上曾经有一段话很流行，当我自己能赚钱养活自己，自己能修电器，自己能疏通下水道的时候，还会选择和另一个人进入婚姻，只能是因为爱。

婚姻是一场世俗关系，当进入婚姻的两个人慢慢联结在一起，有了孩子，变成一个共同体的时候，关系会变得更加牢固。

很多人都在说，爱与不爱，在婚姻中，显得不那么重要。不少人是因为到了合适的年龄，在父母的催促下，选择了一个大家都满意的对象，然后在迷茫的状态下就结婚了。

当然，还有一个更重要的原因，有人说过，婚姻，是为了对抗孤独。

诚然，现实的风霜太凛冽，一个人难以在社会中生活得更好，人们要学会分工合作，学会抱团经营，这样才能缓解一下买房子和养孩子的压力。

朋友在出国留学前和我说："你知道吗？我实在受不了逼婚的压力了。在国内，大家能接受一个三十多岁的离婚女人，却不能接受到了三十多岁还没有结婚的女人。"

她说这句话的时候已趋而立之年，却仍然没有找到一个合适的结婚对象。更重要的是，她认为自己在专业领域能有所建树，钻研学业远比跨入一场婚姻生活来得更快乐。

的确，你要承认每个人都有自己的想法。大多数人都认同的，并不一定是对的。对于一个热衷于结婚，并且需要婚姻保护的人来说，进入婚姻状态确实更快乐、更安定。但如今早已是男女都趋于平衡的时代，体力差异在科技文明的发展下已经缩小了许多，婚姻已不再是女性的唯一出路。

亦舒曾说过："无论如何，一个男人对女人最大的尊敬，还是求婚。"很久以前，当男人想宣告自己已经有资格踏入社会的时候，最好的办法就是结婚。有了这场仪式，才能算是真正地独立了。

可仪式能带来什么呢？当世俗婚姻开始把房子与车列为必需品

的时候，每个人都知道了经济的重要性；当一个女人围着老公打转却仍可能受到伤害的时候，大家才明白精神独立的重要性。这些，才是每个进入婚姻生活的人应当考虑的。事实上，婚姻自由已经实行了一百多年，我们却仍然未摆脱思想的桎梏，把婚姻仪式而不是婚姻内核当成人生中的必需品。

人，有爱才会有生命的活力和原动力，有希望才会有生活的勇气。当我们跨入成年人的行列，进入婚姻状态，和一个可能陪伴终身的人生活在一起的时候，我们首先应当考虑的是自己在这段生活中能不能得到幸福，而不仅仅是怎样完成一项仪式和一个人生任务。

在大多数人看来，婚姻是幸福的外壳，有了婚姻仿佛就是拥有幸福的保障。然而，很多人并没有想清楚，幸福的内核究竟是什么。一位朋友的话非常真切：相爱的人进入婚姻，不一定会幸福，但是不爱的人一同进入婚姻，一定不会幸福。

我想，不管在什么时候，人都要在爱中才能觉知到幸福。在彼此都越来越独立的现代，房子、车子这些物质带来的冲击，总不如情感那样纯净持久。

当我们和另一个人走进婚姻的时候，爱，才是照亮彼此的光与热，并且让婚姻这种世俗的仪式，为彼此的幸福感锦上添花。

## 理解生活，就是理解那些琐碎

朋友和我抱怨说，她太忙，每天上班需要处理诸多琐事，下班后还要处理各种家务，照顾老公和孩子的起居饮食。她觉得自己很辛苦，完全没有一点儿私人时间。所以她想换个工作，要有双休，工作也没有那么多琐事，按部就班地完成一些固定程序就可以了。

我问她："你工资赚得多吗？"

她说："至少可以满足家人的正常生活，还可以保证自己的一些其他开支。"

我说："若是用低工资来换取安闲的工作，你情愿吗？"她想了想，还是觉得自己更需要钱。

其实，低工资的工作单位中，因为管理不善等原因，琐碎的事可能更多。她想摆脱忙的状态，不是单纯换份工作就能解决的。没工作之前，很多人都发誓此生要成就一番事业。真正工作了才发现，所谓的工作就是一件杂事接一件杂事。

我曾听过很多人说：我若是得到什么样的职位，或者我能考取一个什么样的证件，我的生活就会一下子变得好起来，再也不会有这样那样的麻烦。我们最害怕的并不是突如其来的情感和大事件的冲击，而是日复一日的琐碎生活，我们期待那些琐碎的小事，会因为一个成就而全部消失。

事实上，当我们达到一个目标的时候，会发现面临的琐事反而更多了，理想中那种幸福快乐的生活并没有出现，并且好像永远不会出现。

生活中永远充满了琐碎，琐碎原本就是生活中最重要的部分。看透这一点的大部分人，后来都在尝试着战胜平凡，在日积月累之中慢慢成就自己的不平凡。

人们大致有两种生活状态，一种是理解生活，另一种是盲目生活。

理解生活，就是理解生活中那些平凡的琐碎，慢慢地学会和它们相处。曾经的"少年不识愁滋味"，曾经的憧憬和向往，慢慢变成了日复一日的淡然、恬静和历经风霜后的优雅。而在盲目生活中，只能体悟到无知的快乐，尽管混合着物欲和外力，更多的还是烦恼。因为他们无法从内心深处感知幸福，更多的只是对"无何有之乡"的向往，以及对理想状态永远无法实现的焦躁和不安。

总有一天我们会明白，最理想的幸福状态其实并不是"生活在别处"，而是"生活在此处"。因为不论此处还是彼处，日常的琐碎都是无处不在的，只有从内心深处接受了"琐碎即是生活"的观念，才会放下所有的期待，真正理解琐碎工作背后的平凡幸福。

追求幸福生活，是最普通的愿望。但真正理解幸福的人，总是那些能最快接受琐碎、体悟平凡的人。幸福是一种能力，在拥有这种能力之前，我们每个人都要走过一段很长的弯路，体会那些期待、被伤害、重新振作的状态。

一个人，接受平凡、平淡，才能慢慢总结出和生活相处的最佳状态。在每一天最平凡的体验中领悟生活，认识自己，最终才能学会在生活的无常中接受生命的无常，直至寻到最本真的快乐。

PART 4

只有你尽力了，才有资格说运气不好

人若是不靠自己，还能指望谁？自己都无法对自己负责，就不要指望他人来爱你。

生物的本能就是挑剔，为了将更优秀的基因遗传下去，我们在本能之中学会了挑剔，挑剔无错啊！

聪明女人大多都是在生活中勇敢，在爱情中脆弱。因为生活的坎坷无法避免，只能克服；但爱情的痛楚却似乎可以避免，因此聪明又脆弱的她们就会权衡得失，如履薄冰。

人生不怕重新洗牌，怕的是即使抓到了一手好牌，却因为忐忑而没有打好。

人在年轻的时候，选择过什么样的生活，是自己的自由，但是没有合理的管理，总会付出惨痛的代价。每个人，最终还得为自己放纵的青春埋单。

## 为了幸福，请和孤独共舞

朋友无意中对我说起，办了小学生培训机构之后他才知道，越是那种有天赋并且善于学习的孩子，反而越不容易对老师产生很深的感情。他们大都不愿意去亲近谁，而是很早就显现出一种独立性的苗头。相反，那种资质平庸、学习成绩也一般的孩子，大都对老师很亲近，他们经常会黏着老师，甚至主动讨好老师。

那些有天赋的孩子，很早就明白了独立解决问题的重要性。也许成人以后，他们会把这种独立性带入生活中的每一件事中。而从一开始就依赖别人帮助自己解决问题的孩子，更容易看别人眼色，久而久之对他人产生依赖感。一旦别人有松手的迹象，他们就会感到恐惧。

但人生无法代替，自己的路，只能靠自己一步步走过。依赖他人提供的捷径，不如依赖自己朝夕养成的习惯更好。

孩子因为柔弱的特质，这种依赖感在他们身上总是会被弱化甚至被隐藏。而一旦进入成人世界后，没有谁会一再地原谅别人的无能，所以占有大部分有效资源的人永远是那些孤独的强者。

我看见一个帖子，有一个被离婚的女人，摸爬滚打了很久之后，说了一句话：原来，人最终还是要靠自己。

人若是不靠自己，还能指望谁？自己都无法对自己负责，就不要指望他人来爱你。

成长是一个不断学会孤独的过程。在我们的生命中，从很早开始，就要有人来、有人走。我们不断失去很多深爱的东西：小时候的洋娃娃，长大之后的恋人，甚至失去亲人的痛苦……这些伤痕，不论你如何向他人倾诉，他人也只能理解其中的十之一二，大部分苦楚最终还是要靠自己消化。

每个人最后都要学会和自己相处。所有的依赖最终都会失望，人永远只能自我满足。

他人无论怎么样传授知识，最终还是要靠自己去掌握运用，才能解决问题的根本。依赖亲人，依赖朋友，依赖爱人，终究会有失望的时候。

没有人能一直无限制地满足他人的需求，即使主动付出也会渴望回报。在生命的大部分时间中，我们都是在合作，用一种技能去交换另一种技能。在汲取他人心灵能量的同时，也在为他人提供着心灵能量。

越早懂得孤独的真相就会越早清醒，不至于在撞得头破血流时才感叹："人原来只能靠自己。"成为强者，需要下定决心，独自面对挑战，尝试着靠自己去解决生活中的困难，而不是一发现问题就向他人哭诉——慢慢地你会发现，自己的技能、勇气都会有大幅度的提升。直到某一天你会发现，这个世界上已经没多少事能让你惶恐。

当我们再也没有依赖他人的习惯时，就没有了对他人的期待，不必再为他人的喜怒而患得患失，也不必为了迁就他人而一再放低自己的底线。

聪明的姑娘从一开始就慢慢学会放下依赖，在孤独的磨砺中为自己积攒足够的技能和勇气。她们懂得：世界上没有免费的午餐，所有的梦想都要靠自己去实现。

从心底接受了"人孤独，并且要一直孤独下去"这个观念，才会真正努力投入一件高难度的任务，做一些前所未有的努力。这样的人，举手投足间都会有一种恣意的潇洒。

　　不论你多爱一个人，都不要为了他放弃独立谋生的能力；不论你多爱一个人，都不要为了他放弃独立学习进步的动力。

# 把日子过成一首诗

《新周刊·私享家》中有一句标题我非常喜欢。慢是一种能力，更是一种智慧。

我想，这里所说的慢，应当是一种从容冷静的生活状态。

以"一个人"系列绘本著称的日本绘本作家高木直子在《一个人住第五年》中，描述了一个小女人温馨美好，有些调皮寂寞的生活状态，悲喜交织，细碎真实，用那种有血有肉的独特的日式细腻情感，慢慢渗透进每一个读者的心。

这种生活，是在岁月之中缓慢流浪出来的。

把日子过成一首诗，不仅仅是一句口号。

大多数人误以为自己有生活，懂生活，爱生活，但生活的本质，却并不仅仅只是为了生存；很多人误以为自己到了某种状态，便能享受到期待中的完满幸福，用力追逐却终究显得有些空洞；很多人都渴望"生活在别处"，但是最好的生活，恰恰就是生活在此处。

生活是一种享受人生的态度，吃得香，睡得着，有三五个知己好友，可以感悟生命、自然、万物及人生，运动时有，读书时有，下厨时有，赏月时有。

街上的行人步履匆忙，每个人都在赶路，却鲜有人能抵达心灵可以休憩的家园。

总有人误以为有钱就有了生活，但经济只是维系高品质生活的重要保障，并非是唯一保障。

也有人误以为有了事业就有了生活，却不知职场的恭维，大量的微博粉丝，还有财务报表的数字，只能提供短暂的快乐。

有家，也并不等于有了生活，当我们步履匆忙的时候，家，对于很多人来说只是一个旅馆。当我们没有与家人一同迎接过清晨的第一缕阳光，没有带着欣喜与欢乐去装扮属于自己的房间，家是一份为难的烦恼，难以让人有心灵的皈依。

即便像卢梭说的"当大多数人都生活在平静的绝望之中"时，总有一些更高的能力和智慧，让我们能从内心流淌出缓慢的平静和智慧，慢慢品味岁月的每一点每一滴。如同苏轼词作中的那句"此心安处即吾家"，锁定自己拥有的此生旅程，品味美好生活体验与情感记忆。

《浮生六记》中记载过沈三白和芸娘，家道中落后，夫妻两人只能喝粗茶。芸娘用纱布包上粗茶，太阳落山后，拣一朵将开未开的荷花，扒开莲花花瓣，将茶叶放进去，再用细线重新捆好。第二天早上露水将息，朝霞未起，茶叶包拿出来，当晚再找一朵新荷放进去扎紧。如此三天，粗劣的茶叶里，夫妻俩亦能品尝出清雅的荷香。

什么是精致典雅的生活？什么是从容优雅的人生态度？这样的生活，不一定要和富裕绑在一起，它是一种品质，是一种自然的情态，是内心深处对美好永不停息的向往，而不仅仅只是一种仪式或形式。

当你拎起一块抹布，弯下腰，双膝着地，把地板的每个角落擦拭干净时，内心也变得清澈明白，仿佛生命中的杂乱及焦虑都被自己擦拭过了。弯腰可以让你谦卑，而大扫除，擦亮了家庭，也擦亮了心灵。

人们无法选择出生，但可以选择让自己过什么样的生活。优质生活的引领者，总能发现：美好静候在灵魂深处，在等着他们去心领神会。

# 懂爱的人，不会让深爱的人等太久

余光中写过一首很美的情诗：

等你，在雨中，在造虹的雨中，蝉声沉落，蛙声升起……

你来不来都一样，竟感觉每朵莲都像你。尤其隔着黄昏，隔着这样的细雨……

等你，在时间之外，在时间之内，等你，在刹那，在永恒。

有人说，保持两性关系最好的办法就是保持"距离"。只要保持适当的距离，爱情中的很多问题都解决了。

要保持爱情的新鲜感，距离确实是非常重要的条件。我曾经有过一段异地恋，我们相聚又别离，中间总是隔着千山万水，各自在安静中等待，思念在等待的时光中发酵。一旦相见，便觉得对方的每一个动作都那么值得凝注与回味。

思念与等待让人产生一种微妙的情愫。爱情中的想象，加深了情人之间的幸福感。在见不着面的日子里，各自揣摩着对方的生活，想着他穿行街道、搭乘电梯时的情景；想象他在街道上看风景时，会缓缓停下脚步；他偶尔会倚靠在窗台上眺望远方，或者在灯光下安静地阅读；想着他偶尔看见某一处场景也会想起我。

爱情就这样在等待和思念中慢慢升温。

有人说，男人是野生动物，女人是筑巢动物。女人在爱情中，常常是一个等待的姿态。异地相恋之所以感觉很美，是因为等待让人产生遐想，想象中的人，永远比现实更完美。

而生活中根本就没有什么完美。当距离拉近，两个人开始真正相处时，才发现对方原来是这样一个人，与想象有着太大的差距。当爱的小船在现实中触礁的时候，女人们需要反思，她是真的与一个男人爱过一场，还是与自己虚构的理想情人在恋爱？

距离容易引发一切思念和浪漫的情怀，可人的天性却渴望在爱情中越走越近。亦舒曾经说过，所有的爱情都要以在一起为目的。可是，凡事都是相辅相成的，两个人耳鬓厮磨过后，新鲜感就会逐渐消失，一切慢慢归于平淡，也少了怦然心动。

冲动的感情常常以惨烈的方式收场，不顾一切地燃烧生命去追逐的爱情，常常只是瞬间辉煌，就像灿烂的烟火。细水长流的爱情，往往只是分享，没有献祭。男人的生活从来被事业占据着，女人的生活也不单单只有爱情。

我们所需要的，不仅仅是甜蜜的感情，还有敢于接受现实生活的勇气，一份双颊灼烧后依然可以面向阳光的韧性。

尽管等待和想象十分美好，可一个真正懂得爱的人，不会让自己深爱的人等待太久，因为他们害怕等待太久会失去彼此，而且他们都具备对抗现实的勇气。

聪明女人大多都是在生活中勇敢，在爱情中脆弱。因为生活的坎坷无法避免，只能克服；但爱情的痛楚却似乎可以避免，因此聪明又脆弱的她们就会权衡得失，如履薄冰。

网络有一句流行语叫："世界那么大，我想去看看。"每个满足了基本生活的人都在渴望着爱情。很多人都在渴望爱，却又因为害怕伤害而躲避爱。爱与等待，都有一个心理期限。如果你真的爱一个人，不要让她等太久，人生经不起等待的消耗。无法追逐所爱的时候，放下幻想，也不失为一个聪明的选择。

## 不将就，做更好的自己

英国广播公司（BBC）以著名小说家简·奥斯汀为主角，拍摄过一部纪录片《简·奥斯汀的遗憾》。奥斯汀在她的小说中，为每一个可爱的女孩寻觅到了多金并且深情的丈夫，安排她们过上了幸福的生活，自己却终生未嫁，备受病痛和贫困的折磨。

奥斯汀年轻的时候，也曾接受过一个庄园主的求婚，但她第二天却悔婚了。悔婚的前一天晚上，深知奥斯汀心意的姐姐曾劝说她正视自己的内心。

看到奥斯汀的孤苦伶仃，她姐姐觉得十分内疚，认为正是自己的建议让奥斯汀放弃了那个庄园主的求婚。姐姐对奥斯汀道歉说："因为我，你才选了贫穷与孤独。"

奥斯汀回答："因为你，我选择了自由……我现在的生活，是我想要的。我比我自己想象中快乐很多，多过我应有的快乐。"

大约姐姐既渴望妹妹有一个不错的归宿，又害怕妹妹因为各种原因委屈了自己，所以才在那天晚上劝说奥斯汀。但从奥斯汀的作品里可以看出，她是一个理性的人，对爱情、婚姻和人生有着自己的思考，正如她说的那样，是她自己选择了这样的生活。

而奥斯汀悔婚前的纠结，我想很多为爱辗转反侧的女性都曾经历过。

人常常不会因为已经失去的东西而难过太久，因为时间的力量总会慢慢消解其内心的绝望；人也不会为自己得不到的东西而伤悲，因为知道那只是奢望，就会在内心深处慢慢放下妄念；人总是为自己可以选择的东西痛苦，因为不知道到底该怎么选择才对，比如爱情。

我想，简·奥斯汀并不是不相信爱，恰恰相反，正因为她内心深处对爱有着透彻完美的领悟与期待，才放弃了一段世俗的婚姻关系，选择了守护自己的内心世界。

这是源自生命内核中关于爱的智慧，是一个女子对爱与美的希望与绝望。

在世俗关系中，总要有所凭依，才能附着情感，因为生活永远都不是小说，而那些对爱理解得越透彻的人，往往越害怕来自爱的伤害。

当这个女子内心深处对艺术、对生命的执着与渴望，让她拥有高贵纯净的灵魂时，若是她无法找到与世俗妥协的方式，那么她宁可选择放弃期待，将生命融入更纯净的追求中，宁愿在贫困中慢慢消磨自己的一生，也不愿意将就。

晚清才女陈蕴哲曾说过："我以为，一个女子，当她的思想超出这个时代一般人的理解范畴时，独身主义是一个最好的选择。"

我常常想，生命之中，没有任何一种选择是完美的，我们常常在爱与绝望中挣扎，我们选择融入世俗或对抗世俗，并无对错，只要我们能像忍受贫困的简·奥斯汀一般，在余生中，不后悔自己选择的生活，能够在追求精神领域的完美和快乐中体悟到自己想要的人生，就可以了。

# 负责的人，首先该对自己的幸福负责

表哥35岁还没结婚，舅妈每次见到我都要说这件事，这几乎成了她的执念，她会边说边哭，说表哥不同意和她安排的对象结婚，不让她放心，真是极大的不孝！

一直以来有个奇怪的现象：自己不结婚无所谓，但是身边的人却难过得要死。朋友甚至告诉我说，与其选择单身，让全家一起痛苦，还不如将就着结婚，至少家人还开心点。

天涯上有个问题帖子，主题是"嫁给自己不爱的人幸福吗？"有两个回复很有意思，第一个是："没有爱，还有幸福可言吗？"第二个是："不管年龄多大，都要等到自己爱的人再结婚。嫁给自己爱的人不一定会幸福，但是嫁给自己不爱的人一定不会幸福。"

在感情中，人常会以爱之名，行道德绑架之事。父母渴望看到儿女有情感的归宿，哪怕是带着一种完成任务式的强迫，也要亲眼见到儿女结婚，才会觉得儿女的人生圆满了。

围观别人的情感时，人们总是很热心。如果你不结婚或者要离婚，总会有一大群人来对你进行劝说，插手这类感情是很多人的兴趣所在。但你要知道，人类虽然有繁衍的本能，但情感和婚姻，却没有非做不可的必要。不论是结婚还是离婚，都只是一种感情体验，虽然夹杂了责任与道义，但是本质上仍然是一件私事。

情感绑架，并不限于父母对子女，相爱的人之间，同样会捆绑得不亦乐乎。

"我爱你，你爱我"是一件两情相悦的事。这个模式转换成"我爱你，你不爱我"，道理上也无可厚非。可在现实中，如果一个人对另一个人的爱太过强烈而得不到回应，总会激起他人的同情，甚至蒙蔽本人的判断。

高圆圆主演的电视剧《我们结婚吧》里有一句话："没有人有义务爱你，当别人不爱你的时候，只是因为你还不够好。"这句话有些绝对，真实的情况是：当没有人爱你时，是因为你没遇到适合彼此的对象。

即使在父母眼中，我们是一千一万个好，但在和他人相处时，总会暴露出一身缺点。这时，父母常会劝我们不要太挑剔："年纪越来越大，差不多就嫁了吧"。

我想说，生物的本能就是挑剔，为了将更优秀的基因遗传下去，我们在本能之中学会了挑剔，挑剔无错啊！

有人说，找一个爱自己的人比自己爱的人更幸福。事实上这是一个并未被真正验证的口号。多数人这样认为，只是因为她们觉得付出感情是劳心劳力的事，而索取他人的情感却很容易。

其实男女都一样，都渴望索取大于付出。我们防范着对方，保存着真心，如同隔岸观火，不会受伤，却也不会得益。

没有能力创造幸福的人，不会得到真正的幸福。

索取的快乐只能满足欲望，却不能抵达幸福。

爱，是在满足生存需求之后人类最重要的渴望。有爱，才有奉献和付出的动力；有爱，才有善意和幸福感；有爱，才有相互欣赏和促进的基础。

这是一个父母逼着我们结婚、生孩子、完成人生任务的时代。若是未看见我们进入一种他们能掌控的安稳之中，他们就永远无法安心。其实，在变幻的现实中，哪里有真正安稳的乌托邦呢？

这是一个观念剧烈动荡的时代，对80后、90后来说，很多人信奉的"将就人生"的观念对他们已不适用。在新的时代，旧格局可能已经不再适应社会。今天，若一个女性是独立的，她一定会非常反感被别人掌控的人生。

我常常想，若是婚姻、家庭不能带来比单身更大的幸福感，为什么还要用亲情捆绑着子女，让他们按照父母的习惯选择生活的模式？

爱不是一种任务，而是一种内心的原动力。一个真正负责的人，首先应当对自己的幸福负责。有人说：我很爱我的妈妈，我可以孝顺她，担负她后半生的生活。但感情的事只是我自己的事，孝顺并非是盲目的顺从。不论单身还是结婚，都应该让父母感觉到子女源自内心的快乐。

生命的意义就在于自己能进行选择，不是吗？

# 奋斗的人才懒得报复呢

第八十二届奥斯卡颁奖典礼上，最受瞩目的就是小成本的《拆弹部队》与巨额投资的魔幻大片《阿凡达》的最终角逐。

巧的是，两部影片都获得了九项提名，其中包括最佳导演与最佳影片，更巧的是，两部影片的导演曾经是夫妻，这让很多娱乐记者嗅到了猛料的味道。

颁奖之前大家就将镜头对准了这对"夙敌"，奖项公布之后，《拆弹部队》的女导演凯瑟琳·毕格罗不负众望，获得了最佳导演奖，同时也成为奥斯卡历史上首位最佳女导演。

媒体在报道这个事件时，以"前妻复仇记"的标题来制造噱头，紧接着叙述了一番凯瑟琳如何忍辱负重，如何埋首苦干，终于在奥斯卡颁奖典礼上，报了在金球奖上惨败给前夫卡梅隆的一箭之仇。

但我想，一个刻苦勤奋、靠自己的实力站上领奖台的女人，她到底能花多少时间去恨另外一个人呢？

之后的故事也证实了我的猜想，在凯瑟琳获奖之后，卡梅隆很有风度地祝福了她，并赞扬她不凡的导演水平。

事实上，在凯瑟琳获得这个奖项的时候，她和卡梅隆已经离异了将近二十年。

詹姆斯·卡梅隆一共有五段婚姻，凯瑟琳·毕格罗是他的第三任妻子，他们在一起只有两年。

两年的时间，只是人生长河中短暂的一瞬间。为了这两年，用此后二十多年去策划一场不知结果的复仇，完全没有必要。顶着卡梅隆前妻的名号，凯瑟琳要比别人更努力才能获得大家的认可。事实上，她最终走向成功的唯一原因，就是她比别人更努力。

当她站上领奖台的时候，我想，她一定是懒得报复的，因为她有更重要的事情要做。

奋斗中的人不会因为挫折停下脚步，因为她们知道自己的目标在哪里，所以她们最终能走向成功。

当一个人失去目标，只是纠缠于过往的时候，她才是真正的一无所有。

她们努力，是因为她们有自己的梦想和追求，而不是因为另一个人。比如凯瑟琳。

媒体降低了她的格调，在他们的认知中，一个女人只有为了吸引男人的注意力才会去努力，即使她取得了成就，也不过证明了她的不甘心——但只能算是男人们的一厢情愿吧？

奋进中的人不会记仇，即使记仇，这仇恨也只会成为她们前进的动力。她们不会花时间去报复男人，因为她们懂得人生中什么更重要，更有价值，更值得花费精力去实现。

凯瑟琳选择了遗忘，她懒得报复，她以一个完美的转身，打击了所有曾经看不起她的人。

## 不要因为害怕而不敢相爱

朋友结婚三年，我听她抱怨最多的就是："他变了，再也不像以前那样对我好了，我真的很想离婚。"

我问她："那他现在是什么样的？"

她想了一阵，列举出他的几条缺点，例如大男子主义，丢三落四，大大咧咧等。她的先生我是认识的，于是我说："以前他不也是这样吗？"

朋友有些错愕，她确实想不出以前的他和现在的他有什么区别，他先生以前大男子主义，现在仍然是，以前有些丢三落四、大大咧咧，现在仍然还是这样。

我说"你认识他那么多年，为何以前能忍受他的个性，现在又忽然不堪其苦了？"

婚姻的确就像围城，结婚前满怀憧憬，结婚后彼此抱怨：女人抱怨男人不长记性，男人则抱怨女人过于唠叨。

我们不能指望对方在经过一次吵架之后就改变了性情，我们只能在漫长的时光中，缓缓调整互相不能契合的部分。就像不合脚的新鞋子，穿久了，最初的那种不适感便会渐渐消失。

生活是无常的，我们不知道明天会发生什么，不知道什么时候会遭受背叛，但是我们不会因为害怕这些而不敢相爱。

生活幸福的人，都有共同的特征：心态平和，善于自我调节，能原谅自己和宽容别人。经营感情其实就是经营我们对另一个人的感觉，类似一场自我催眠。有一句经典的格言叫做"爱是深深的怜惜"，在我看来是很准确的，当一个人对另一个人毫无怜悯的时候，她就具备了成为犀利人妻的条件，可以无所顾忌地隔岸观火，永远得益，不会受伤。当然，也永远与幸福无缘。

电影《初恋50次》中，亨利爱上了患有短期记忆丧失症的女孩露西，面对不停忘记自己的露西，他不厌其烦地重复着两人相知相爱的过程……其实人的大脑机能都是这样的：不停地遗忘，不停地记起，只是我们的速度，比露西要慢得多。

　　我们常常会忘记别人的好，记起自己的痛，对此，人们找不到一个一劳永逸的解决办法。所以，我们只能对彼此多一点儿耐心。

　　不要忘了爱情世界里的可控因素，那就是可以不停地去经营和调整我们与世界的关系，尽力去挽留那些曾经带给过我们温柔暖意的人和事。

## 任何时刻，都要有追求幸福的勇气

　　一个朋友想参加一个难度较大的考试，她有些忐忑，因为她的年龄比其他参考人员大许多，但最终她还是鼓起勇气报名了。

　　一个没有什么技能的中年女子，因第三者的介入，不得已被离婚。每个人都等着看她的笑话，但是她却咬着牙，毅然接受了现实。她先报了一个技能班学习外语，课余的时间参加健身，活得居然比婚前更滋润。

　　谁都没想到，在健身房中，她遇到了一个文质彬彬的男士。接触一段时间后，他开始认认真真地追求她。这个人的经济实力相当不错，别人从一开始的质疑，到后来不约而同地羡慕她——那个各方面条件都不错的男人，真的想要和她共度一生。

　　人生的每个阶段都会遭遇一些苦难。苦难并不可怕，可怕的是失去了继续追求幸福的勇气。

　　心理学上有一个案例：一个女士在幸福时总会想方设法去破坏，她时时刻刻展露自己那种别扭的性格，因为她的潜意识中觉得自己"不会得到幸福"。小时候，父母并不宠爱她。长大后，她拼命对男朋友付出，可是受伤的总是自己。长期经历这样的心理挫折，导致她不敢相信幸福会发生在自己身上。她甚至不敢接受任何人的追求，因为她觉得自己"不配得到"。

　　敢于追求幸福是一种勇气，你如果相信自己"配得到"更好的人和事，就有了向这个方向努力的决心和信心。

　　没有承担错误的勇气，就没有找到正确方向的可能性。所谓庸碌的人，只是在世俗生活中，按照他人设定的轨迹走下去。他们不敢轻易尝试动荡或改变，而是习惯于用平淡的生活麻痹自己。

　　有人说，人生的任何时刻，都要有重新尝试爱的勇气和信心。人生不怕重新洗牌，怕的是即使抓到了一手好牌，却因为忐忑而没有打好。

　　我们无需刻意制造一些动荡和麻烦来寻求生活的刺激，但是要经常提醒自己，在麻烦来临时不要害怕，要随时准备面对人生的无常，开启人生的另一种可能性，并力图在其中探索出更好的生活模式。

人生，不管从什么角度看，都是一片独特的风景。当我们不能完整地理解"好"这个词时，就多给自己一些勇气，适应当下的改变。只要努力，每个人都有触摸幸福的可能，都能把人生活出不一样的精彩。

## 遭遇背叛之后，请重新信任爱

女友 A 遭遇了丈夫的背叛，她与丈夫是高中同学，相恋八年，是大家羡慕的金童玉女。结婚五年，丈夫另觅新欢，她最后一个知道，中间哭过闹过折腾过，筋疲力尽之后终于离婚了。

A 离婚后遇到过几个对她好的人，她却如同惊弓之鸟，每每在交往不久后就对对方的手机、QQ 还有 MSN 进行各种排查，找不到蛛丝马迹就总是不甘心，找到了又会大吵大闹。几经周折，对方终于无法忍受而离开。

她曾经多次向朋友表达她很痛苦，她也不想这样，可一想到当初那次伤害就觉得痛苦万分，觉得再也无法像当初一样完全信任一个人了。

有时候她甚至突然在半夜醒来，看着枕边人，想到他那份不确定的爱意和自己不曾了解过的那段生活，就觉得痛苦万分，带着遭遇背叛的余悸，也掺杂着对未知的莫名的恐惧。她总是疑心，在她不知道的时候、不知道的地方，说不定发生着背叛。

看着Ａ难过的样子，我想，爱情中磨合所带来的伤害并不可怕可悲，可悲的是我们从此再也无法信任。

沉迷在过去的困境中，无法从过去的伤痛中痊愈，这样患得患失的情感，最终会刺伤别人，而在一次次的分离中，也加深了对自己的伤害。

最后，她们却总结出这样的道理：看，我就知道他坚持不到最后，果然还是离开我了。

一个迟迟下不了决心去结婚的女人，说：我很确定自己不爱他了，可一想到离婚后，他就要和别的女人在一起了，做我们曾经喜欢做的事，我就觉得心痛无比。

那种无法从背叛之中痊愈的人，就和这位女士一样，总觉得逝去的所有还依然属于自己，她们一直被这样的占有欲折磨着，不停地重复着过去的悲剧。

其实，真正的原因是她们内心深处没有安全感。她们已经习惯了将自己的人格依附在另一个人身上，始终无法接受曾经属于自己的东西已经背离自己而去，从而在思维中给自己套上了一个枷锁。

陈丹青说：衰老就是一个不断被剥夺的过程。健康、容貌、身体的各项机能，都在一点点地走下坡路，过去能做到的，现在做不到了，这对人的自信是一种强大的打击。

其实接受分手和接受衰老有共通之处，同样是一种剥夺，曾经属于你的人，要从生命中离开，那种钻心的感觉，需要强大的心理去接受。软弱的人，舍不得的人，会觉得即使在一起互相伤害着，也比离开要好。

勉强维持关系才是一种对情感的伤害，在过去中纠缠得越久，在未来就越难建立健康的亲密关系。

我们一直都要相信，这个世界是守恒的，我们所缺失的爱，总会得到另一种形式的补偿。

感情逝去时候，我们不必在情感的漩涡中纠缠，一次次回忆自己曾经受过的伤。

舍弃，需要一种极大的勇气，但是更大的勇气是在遭遇背叛之后，还能清理伤口，重新信任爱。亲密关系的信任可以让两个人照见自己的真实状态，然后再建立完整的依赖。如果因为不再相信爱而错失真正的爱人，那才是人生更大的损失。

## 让自己拥有更健康的生活，是每个人一生的事业

⬈

在"知乎"上看见一个减肥帖，一个女孩用自己的亲身经历，讲了自己运动减肥的历程。

她本人并不是很胖，163的个子，120斤，花了一两年的时间锻炼，慢慢瘦到100斤，当然，瘦并不是主要的，主要是她的健康和心理状况，在体重变化的过程中都有了很大程度的改善。

其实，胖与瘦，只是一种生活状态，可以说是自己的一种选择。但是那个减肥帖上，女孩的最后一句话却触动了我，她说：人在100斤和120斤的时候，拥有的是两种人生。当你120斤的时候，你会想着，胖与瘦是没有什么关系的，也不在乎吃一些看起来可口但却没有什么营养的垃圾食品。但等你通过运动，通过克服自己的各种欲望，努力瘦到100斤的时候，你的心态和生活方式都会改变，

同时，会慢慢养成良好的生活习惯和饮食习惯。

有个同学有段时间的QQ签名是："减肥是女人一生的事业。"这句话多少有些绝对，我觉得不如改成："让自己拥有更健康的生活，是每个人一生的事业。"

运动、学习，有节制的人生，每一项需要约束自己的事情，在进行的过程中，都会令我们的大脑产生抵触情绪。

"当一个米虫，吃完了睡，睡完了吃"是很多人内心深处的愿望。在生活的风雨中，很多人都渴望有一双强有力的臂膀，负担自己以后的人生，纵容自己所有的欲望，让自己可以心安理得地懒惰。

做着这样美梦的孩子总会被生活的风浪拍醒，非要摔几个跟头后，才能慢慢学着知道，只有自己才是自己的依靠。

有人说，年轻的时候，不管怎么过，都是好时光，或放纵，或约束，都是值得怀念的。

事实上，人们没有一刻是可以完全放纵自己的。人与人之间很多时候都处在一种竞争关系中，不论你拥有美丽的身材还是睿智的大脑，都是在为自己日后的生活争得更多便利。最不济的时候，我们还拥有健康呢，不能过分放纵自己的嘴。

人在年轻的时候，选择过什么样的生活是自己的自由，但是没有合理的管理，总会付出惨痛的代价。每个人，最终还得为自己放纵的青春埋单。

很多人设想过再活一次会怎么样，但是这只能是一种奢望。匆忙的人生，没有太多的机会供我们回头细想，也没有太多的机会让我们重新来过，我们只有在身体和心灵都还年轻的时候，好好地管理和爱护自己，用自我约束力安顿好我们的灵魂和肉体。

年轻，不仅仅是一段快乐和精力充沛的时光，也是一个充满着诱惑与选择的陷阱。堕落和放纵会带来一时的快乐，却慢慢地腐蚀身心，那些让我们身体不太喜欢的事，才会换来健康和平安，例如管好自己的嘴。

每个人都会有这样那样的烦恼，在最好的青春年华总会遇到各种各样的选择，或许总结不出完满的生活经验，但是怀揣真理，就不会在前路中迷失。就如"知乎"中那个减肥女孩所说的，120斤或者100斤，只代表了一种生活状态。

说到底，选择身心愉悦的长久健康和快乐，还是堕落中至生至死的短暂欲望满足，都取决于自己。

偶尔放纵本身其实并没有大错，人生不可能每时每刻都如同一个上了发条的钟摆，按部就班地摇摆，这样的人生，也失却了很多趣味。但约束永远不会和堕落为伍，早早领悟了这个道理的人，才会尽情拥抱阳光。

# 以向死而生的姿态向生而活

2012年12月21日是传说中的世界末日，虽然这末日并未来临。

我们安然地度过了这一天，有人庆幸，有人不屑，有人淡然，有人兴奋不已。

而在我看来，幸好这一天不是世界末日。因为当世界末日真正来临的时候，我们说不定会死不瞑目——很多梦想没来得及实现，人生就这么完了。

曾经有过一个帖子，名字叫《我要回到1997年了，你们有什么想说的》。这本是一个司空见惯的跟帖游戏，到最后却惹得所有人潸然泪下。

因为，我们每个人都对自己的过去有着太多的遗憾，都渴望着能重来一遍。这样，我们会拥有不一样的人生和未来。这些年穿越小说的流行，也是基于人们这个心理。

假设每个人的生命都是绵长无尽的，可以永远活下去，也许大部分人会觉得十分欣喜，但若真的如此，那这个世界一定会变得无比糟糕。因为到那个时候，我们无需再去战胜人性中的懒惰，每一件事都可以拖延到第二天做，甚至继续拖延下去。长此以往，这个世界恐怕会停滞不前。

我们常常会发现，在临近考试的时候学习效率最高，在即将验收任务的时候工作速度最快，因为已经没有时间让我们再拖延了。

生命是有限的，而我们想成就未来，要达到目标，要过得比大多数人好，就要做很多很多的事情。所以，我们除了与时间赛跑，再也没有第二种方法。

大脑是最善于消解痛苦记忆的，它总是悄悄地将我们拉回到最安然的状态中，让我们以为当下的生活即是永恒。很多时候，正是认为还有很多时间，我们才把今天的工作推到明天，把这个月的计划更改到下个月，把本应该陪伴家人的时间变成与狐朋狗友的狂欢。

在生的状态下，常常会忘记生命如此脆弱，死亡经常突如其来。再漫长的生命，也经不起拖延和消耗。每个人拥有的时间，如同手里的流沙一般，越来越少，并且永不再来。

有个作者对费米悖论"外星人到底有没有"做出了一个很有意思的回答。他说，外星人是存在的，至于他们为什么没有来地球，那是因为他们都忙着打电子游戏，忘了去开拓外太空。

这是一个无厘头的回答。可是，仔细想想，若是没有向死而生开拓进取的思维，为了打电子游戏而忘了去做别的事情，这种情况则是完全可能出现的。

人生需要放松，但更多的时候，需要我们接着赶路，和时间抢时间。

人虚度时光而活，和带着向死而生的姿态而活，是两种不同的人生境界。

当我们每个人都能好好活在当下，做真正有意义的事情时，我想，大约不用回到1997年了。若是我们真把每一天都当成末日来珍惜，即使末日来临，也不会再为了已经逝去的时光而后悔。

PART 5

别以为世界抛弃了你，
其实世界根本没空搭理你

这个世界给我们的不仅仅是感动，就连最乐观的人，也避免不了会有坏的情绪。

生活并不是小说，虽然我们都渴望完美的爱情，但是现实中的爱情往往是不完美的。

当一个女子在歇斯底里的争吵和报复中挣扎时，不论她拥有多么美丽的容颜，也不会再有人喜欢。

人类虽然有着恋旧的情怀，却也有着强大的接受新事物的能力，就如同适应汽车的马车夫。

生活需要守恒，爱情也需要守恒，付出和得到都需要守恒。

那种一成不变的生活，过不了多久就会让我们感觉厌倦，因为我们每个人都是为了迎接挑战而存在的。

## 自尊，永远没有妥协那么可爱

最近在论坛看到一个让人唏嘘不已的帖子。

发帖人是故事的男主角，他与女朋友从中学时代就开始谈恋爱，彼此都是学霸，两人长期占据班级第一名和第二名的位置，又同时考上了一线城市的重点大学。毕业之后，因为女方的母亲执意要他们买房之后再结婚，所以两人将谈婚论嫁的事情搁置一边，共同奋斗买房。

存款到50万的时候，男方偶然遇到一个创业机遇，想要拿存款去创业，但女方不同意，一番争执之下，两人选择了分手。他们将存款分开，各自拿走了属于自己的那部分，之后男方致力于创业，而女方边工作边相亲，相过很多人未果之后，觉得还是男主角更适合自己，考虑到两人都是单身状态，于是两人便又选择了复合。

只是，感情一旦出现裂痕，就很难再恢复如初。复合后的两人再也感觉不到当初那种纯真热烈的美好，似乎进入了一种彼此防范的状态。女方掌控了所有的资金，却不舍得再为男方多花一分钱。两个人平时工作都很忙，有时候四五天都不曾有过半句交流，遇上女方上夜班的时候，更是连面也见不到。

这样无意义无质量的爱情，随着时日慢慢地变成了一种习惯。枕边人已不再温暖，只是成为了一种符号，更难堪的是，两个人的年龄越来越大，从一开始对婚姻有所期待，慢慢变成了不得不结婚的尴尬。

彼时经济问题不再是他们二人之间的阻隔，因为世俗的原因，女方及女方家长甚至表现出了一些着急的姿态，但是男方却不想结婚。

少年时代为婚姻而奋斗的目标，被生活和岁月慢慢打磨成了另外一番模样。

其实按照流行的话来说，这两个人都属于学霸级别的人物，理智、冷静，能冷眼旁观彼此的感情，能用最妥帖的方式保护自己。这样的两个人，本来可以将生活经营成更好的模样，可是他们却不想再为这段感情付出任何努力，不想再宠爱彼此，也并不情愿再付出什么，以至于最后一塌糊涂。

有人曾说过，挽救感情很简单，真心就是情感的还魂汤。

当然，伤害感情也很容易，只要两个人都坚持自己的立场，指责、争吵，一心维护自己的利益，不再将对方纳入未来的规划中，感情很快就会土崩瓦解。

爱情中，不论是男人还是女人，都是脆弱的。在帖子的最后，男主角说，他需要的是一个有血有肉的老婆，一段有温度的婚姻，而不是这样为了结婚而结婚。

家本来应该是生活的后盾，是心灵栖息的港湾，荡涤疲倦的灵魂居所，现在却在他们冷漠的夫妻关系中变成了一种负累，变成了伤人的利剑。

没有感情的婚姻，带给人的不是安定，而是长久的绝望与无助。

按生物世界的观点，男人往往是资源的提供者，只有这样，女人才能安心孕育后代。跨入更高文明之后，我们学会了合作，知道了一加一大于二的道理，男人和女人可以合作争取到更多资源。尤其是对这样高智商的学霸来说，他们本应该合作得更好，更完美地扮演社会角色，进入家庭角色，却因为都要维护自己的立场，变成了世界上最冷漠的男女朋友。

故事的女主角最不能妥协的就是经济，这其实是源自内心深深的不安。女人常常用掌控经济的方式来控制男人，认为没有金钱，男人就没有离开的资本，这样他就可以完全属于家庭和自己。故事中的男主角一直强调事业的重要性，却不曾深思过，在满足基本的生活需求后，每个人的情感都需要有一个安放的居所。

人们总是坚守着自己的立场，希望对方为自己妥协。"爱就是付出，如果他爱我，为什么不会站在我的立场想问题呢？"他们都在这样质问对方。学霸在事业上披荆斩棘，却在爱情中一败涂地。

有人曾说过，爱情就是贱贱的模样，因为在恋爱时，坚守自尊和立场永远不如妥协和奉献那么可爱。在回帖中，很多人为这样的一对璧人感到惋惜。学霸的爱情为什么以失败收场，是因为太过骄傲、太过坚持原则、太过于强势，而爱情和生活都需要有妥协的智慧。

## 岁月是块完美的橡皮擦

有一个朋友，总是纠结于男友的上一段感情，她时常会找我倾诉，比如对方曾经如何陪一个女人走过一段青葱岁月，又是如何对自己转移了感情。

她每次都发誓说再也不纠结过去，可是却又总忍不住去询问。她无数次地查探过男友前女友的QQ空间，想要了解对方，想要发现他们曾经相爱的蛛丝马迹，用这种近乎自虐的方式折磨自己。

她解释道，男友的上一段感情实在是太深刻了。他们相爱了四年，最好的年华都在一起度过。他非常爱前女友，他们在一起有过太多太多的故事，最后不过是因为一些阴差阳错的原因没能在一起。她总感觉，男友并没有像爱前女友那样爱自己，她是男友退而求其次的选择，她认为男友生命中最深刻、最纯真的情感已经全部交给了别人。

我说："既然你在这段感情中如此痛苦，为何不选择分手呢？换一个没有谈过恋爱的人重新开始，这样他心里就会只有你了。"

这样的提议她并不愿意接受，因为她觉得男朋友对她太好了，和他在一起非常开心。他是一个情感至上的人，善良、温柔，能站在别人的立场上想问题，也很有工作能力。除了介意他有过一段刻骨铭心的感情经历，其他方面她都很满意。

我问她："他有对你不好的时候吗？"她思考了一下，摇了摇头。

我又问她："他有大的人格缺陷吗？"她也摇了摇头。

我说："那他有没有因为上一段感情，对另一个人念念不忘，因而对你的好有所减损呢？"

她说："这些问题他都没有。"

我说："既然如此，为什么要在意他心中曾经有过另一个人呢？生活并不是小说，虽然我们都渴望完美的爱情，但是现实中的爱情往往是不完美的。"

在人生的不同阶段，我们有不同的需求。在三十岁之前，我们常常需要在恋爱中修行，在两性关系中认识自己，了解我们需要和什么样的人在一起，这样才能最终获得幸福。

在爱情中，我们需要磨合，需要慢慢地把自己调整成最适合对方的状态。传说中，人类天生不完整，需要经过生活给予的考验，找到掉落在别处的另一半。而让两个相爱的个体组合在一起，才能成就最完美的自己。

初恋常常会因为我们的鲁莽而失败，日渐成熟后，我们才知道什么是合适的姿态，如何收敛锋芒，如何才能让另一个人感知到我们的幸福与爱——爱，并不是口号，而是一种能力，是要在爱情中才能学会的能力。

有人说，最好的恋爱状态，就是宠爱你的爱人，接受岁月对他的洗礼，感知成就他的一切过往。

生活永远向前流动，有些记忆，会随着时光慢慢淡去，有些情感，会在岁月中历久弥新。对于相爱的人来说，决然的离散与舍弃，有时候是一种懦弱，不离不弃的陪伴与面对不完美生活的信心，才是真正的勇敢。

很多人都曾说过，我们爱的是一个人，结婚的是另一个人。可是这些又有什么重要的呢？逝去的爱情终究无法替代真正的生活，所有或喜悦或悲伤的记忆终究会被生活掩盖，而在意陪伴身边的人，在漫长岁月中相融成彼此，这何尝不是另一种长久的相爱？

我想，这才是爱情的殊途同归吧！

# 真诚是一剂医治爱情的良药

电影《第101次求婚》讲了一个草根逆袭的爱情故事。女主角叶熏自三年前婚礼当天未婚夫意外离开，便一直沉浸在悲痛之中，后来因为一场意外认识了老实厚道的男人黄达。在相处过程中，黄达对她产生了好感。

某一天，在听完叶熏的"爱情教育课"之后，黄达不顾两人的差距，对其展开了疯狂的追求。叶熏虽然不曾接受，但不知不觉中，心却开始动摇。而就在此时，她失踪三年的未婚夫许卓突然现身，叶熏面临两难选择，在一番纠结之下，终究还是被黄达的情真意切打动，选择了与他在一起。

用世俗的眼光看，除了真诚与善良，黄达没有任何能与许卓媲美的地方。他唯一拥有的，即是一种浓烈的生活气息与真诚的爱意。

但正是这种真诚，让他最终抱得美人归。

无独有偶，电影《非诚勿扰》中，葛优和舒淇都扮演着这样傻气的角色。他们为了挚爱付出一切，就算痛苦也甘愿领受，伴着泪水一起咽下。

在电影中，葛优饰演的海归秦奋因一项天才发明而一夜暴富，开始踏上网上征婚的路途。而舒淇饰演的航空公司乘务长梁笑笑爱上了有妇之夫，陷于苦恋中无法自拔。在家人的安排下，她赴了秦奋的征婚之约。两人相遇了。在一番相处中，秦奋爱上了笑笑，最特别的是，他允许她同自己在一起的时候心里记挂着别人。因为他知道，若不这样，他便没有机会同她在一起。他爱她，正是爱了这份痴傻。

秦奋说，这女人这么傻，如此痴心，将来若是能爱上我，不也是一样？这是多么奢侈的幸福！电影演到这里时，这个在爱情中真诚无比的人，虽然还没有征服女主角，却已经征服了观众。

这是一种无望的真诚，用全部的生命热情来感动一个人。在这样强大的真心面前，每个人都会动容。即便他们最后无法收获爱情，也能用这样的勇气好好生活，温柔地拥抱这个世界。

我想，这两部电影传达给我们的都是同一个主题：打动人心的，有时候并不仅仅是爱情，而是现代人背后所欠缺的那份真诚和理想主义。在绝望的爱情中仍然坚持爱着，是痴气，是傻气，是在爱中相信爱的绝对真诚，是发自内心深处相信美好的力量。

忘了从什么时候开始，爱情已经变成了一场博弈，变成了谁比谁付出更多，谁比谁更会保护自己，谁比谁更能收敛自己的感情。

我们在爱情中患得患失，我们在生活中反复丈量，我们在人生中总结出各种各样保护自己的方法，却悲哀地发现，两个人已经渐行渐远。

当我们还有爱，还想挽留住幸福，就只能真诚地爱对方，给予对方关照与温暖。

我曾听一个用六年时间挽回出轨丈夫并最终获得幸福生活的女士说过，当一个人真心悔改，想要好好与你共同生活的时候，他的眼中和话语中，有一种特别的真诚力量，若是你见过，一定能感知到。她用真诚留住了爱人，丈夫最终也用真诚获得了原谅和信任。

我想，生活中要有一点儿瑕疵才真实，爱情中应该有一些真诚才动人。我们避免不了生活中的伤害，我们避免不了生活中的无常变故，但幸运的是，我们可以用真诚这剂良药去挽回我们那即将逝去的爱。

# 我们总是带着伤微笑前行

电影《后会无期》中有一句流传甚广的台词：听过很多大道理，依然过不好这一生。

在不少婚恋QQ群、家庭QQ群中，每天都有很多人在伤感着，反复纠缠于并不复杂的道理。很多人诧异，明明昨天才开解过对方，安慰过对方，可是一转眼，她又纠缠于自己的情绪中，放纵自己的偏执和愤怒，不会温柔地对待自己，也忘却了早已了然于心的道理。

两年前，一个心理治疗师和我说过，当一个人看一本书，读一些句子觉得很有道理时，其实也是过目即忘，真正要让自己长点儿心，还需要很久。

人若陷入不良情绪时，常常需要宣泄，这时，我们迫切需要的倾听者，并不一定是能真正帮助我们解决情感问题的人。我们在伤心的时候，常常会放大自己的孤独，似乎整个世界只有我们自己承受着悲恸。在这样的情境下，我们常常模糊了其他意识，只剩下了自己的伤心。

时间是一剂良药，它能淡化很多东西，不管是快乐的还是悲伤的。再大的悲痛，也会随时间散去，最终只在心底留下一道淡淡的伤疤。同样的，那些感动我们、温暖我们、激励我们的正能量，也会被时间慢慢地淡化。

这世界一向便是如此残忍地维持着平衡。

我们总是带着伤微笑前行。李娟曾在她的《这世界所有的白》中写过，要过不好不坏的生活。不好不坏的生活，最真实，也最让人安心。我们一直都在矛盾中生活，在快乐和伤感间不停转化，在纠缠的状态下经营自己的人生。

我们听了很多道理，但世事变化无端，让我们的心灵备受煎熬，让烦恼的情绪暗暗主宰我们的意识。成长的路途，实在是太累太辛苦。简·爱曾说过："人活着，就是为了含辛茹苦。"每个人都有七情六欲的烦恼，唯有后天的修行，才能获得心灵的圆满。

就连最乐观的人，也避免不了会有坏的情绪。我们的心灵，就像一间屋子，我们给予它什么，它便会装下什么。我们需要在挫折中成长，但是也需要阳光的照耀，需要人与人之间的温暖，需要奋进的动力和助力来为我们的心提供能量。

就如我们每天需要吃饭一样，我们的精神也常常会匮乏，需要补充新的养分，需要在点点滴滴中改掉以前的坏习惯，培育出新生活所需要的精神土壤。

塑造和健全自己的人格，是一件永远需要做的事情。

累吗？需要我们持之以恒的事情，没有一件事是轻松的。有一句玩笑话不是说，成功的路上，大家总是很孤独，因为同行的人大都倒在了前进的途中。

不要在意你付出了很多却没有得到相应的回报。生活的正能量，需要一点一滴的累积。你费尽心力追求的东西，只要坚持，迟早都是囊中物。

别怪世界给予太少，当我们在生活中锱铢必较，认为自己值得更好却不曾得到的时候，其实那不过是我们给自己设置的门槛。

前进的途中，我们总在清空心灵，忘却以往的故事，重新积蓄力量再出发。有人说，生命不息，折腾不止。我却想说，生命不息，奋斗不止。当我们选择走向成熟的时候，并不是变得冷漠了，而是要用更温柔的方式去和世界相处。

身体会生病，心灵也是，我们需要爱，需要拥抱，需要情感的交流，需要不停地累积正能量，去对抗这个世界的不完美。

# 自律，才能得到更多的自由

最近听到太多的"臣妾做不到"。笑过之后，竟然有些惭愧。做不到，有时候并不是能力问题，正如大多数人愿意承认自己很懒，却很少有人愿意承认自己很笨。

因为懒背后所表达的意思并不是能力问题，而是态度问题。懒的话，只要自己稍加努力，很多事还不是手到擒来？可是笨就不一样了，笨是一种先天的缺陷，很难通过后天的努力去弥补。

我常常听见有人说，我看过很多书，明白了很多道理，也知道该怎样去做，可我就是做不到，因为管住自己实在是太难了。

做不到吗？管不住自己吗？那你就注定像这个世界上大多数人那样，只能庸庸碌碌地活着。因为你们都一样，即使知道了大道理，也不愿意持续地投入精力去完成自己的目标。

其实，成功与快乐取决于许多因素：一个人天生的智力，决定了他适应世界的程度；后天的教育，决定了他的技能水平；父母的支持很重要；当然，也不能缺少运气……这些先天的东西，我们谁也无法变更。我们在后天唯一能做的改变，就是当别人选择平庸时，我们用自律约束自己，用自己的努力缩短先天的差距。

一个天生的懒人，与笨人是没有多少区别的：没有主动呈现的智慧，没有坚定的自律去执行，所有的一切都只是大脑中的空想。而想要做到持之以恒，却是太难太难，因为人是有惰性的，容易放纵自己。很多人有着自己擅长的领域，有着某一方面的天赋，可是他们却没能成功，因为他们不够专注。一个人能否成功，与他专注力是有极大关系的。

有个学习帖说，那些很早就懂得约束自己的人，都考上了重点高中，迟一点的，也上了一个好大学，更迟一点的，也找到了一个好工作。其实世界待我们一直都很宽容，我们总不缺乏努力的机会，却一直都缺乏努力的决心和持之以恒的自律。其实，成就一件事情，只需要约束自己几个月或者几年的时间，熬过了这段时间，你就能得到自己想要的。

曾经听过一个成功人士这样讲述自己的太太。在他开始创业的时候，因为没有钱，太太就过来帮他，除了忙碌一日三餐、照顾孩子，还要坐一个多小时的车去上班。事业有成之后，他对太太非常尊重。我从电视上看着他的眼神，听他描述太太的语气，应当是发自心底的疼爱和感激。

我想，不论什么时候，专一、自制都是一种很好的习惯。当一个男人从白手起家到身家过亿的时候，需要面临多少考验，经历多少诱惑！但是他能无视路上旁逸斜出的花朵，始终记得最初牵着他的手，早出晚归任劳任怨的女人，这是相当不易的。

这样的自律可以说是一种美德。不论岁月如何流逝，这些情感专一、家庭和谐、生活自律的人，总会得到生活更大的回报。也正因为如此，他们在商场搏击时，才会没有后顾之忧，才会有更大的动力与决心。

有个经典的问题：有钱有哪些好处？这个问题也有一个经典的答案，即有钱之后，你会有更多选择。不先成为有钱人，就很难有选择的自由。可是在奋斗的途中，我们要放弃娱乐，克服惰性、拖延症和自己所有的不良习惯。

明白成功道理的人很多，愿意不懈努力的人却一直都很少，能做到自制的人更少，所以，成功的人也一直都很少。自律很难，但只有自律，才能得到更多的自由。

## 下一个路口，也许就会遇见那个人

在杂志上看见了关于年度爱情图书《藏地白皮书》的一段有趣的介绍——他们相识于2003年"非典"时期的拉萨，并迅速展开"一场犹如以排山倒海之势掠过无边草原的龙卷风一般的迅猛的恋情"。很多人都揣着一本《藏地牛皮书》去西藏，很多人也在那里邂逅了有感觉的人，但只有香港人毛铭基和江西人傅真修成正果，在英国终成眷属，还合著了这本《藏地白皮书》。打动人们的，是他们面对没什么希望的爱情不顾一切去把握的勇气。如今，相识10年，结婚9年，他们还在一起，辞去了在英国的高薪厚职，结束了在拉丁美洲的"间隔年"旅行，回到国内定居。

有人曾说，比智慧和能力更值得赞扬的是勇气。西方的贵族们，很长一段时间内都把勇敢作为最高贵的品质予以赞扬。深厚的智慧和理性，会让人学会如何自我保护，但正如天后王菲在微博上所说的一样：让人能生活得更快乐的，不是爱情，而是爱。相信爱，拥有生命热情，需要无与伦比的勇气。

其实男人和女人，没有谁更应该呵护谁，没有谁更应当为谁主动付出。爱与世界，永远都需要自己去主动追逐和争取，需要极大的勇气说服自己去相信能遇到一个和自己有着同样灵魂的人。

我曾看过这样一个故事：有个小孩，从小父母就教他要善于吃亏，这样才能交到更多的朋友。在与人交往时，吃亏是一种谦卑的姿态，是一种主动的付出，是对他人表达友善的第一步。小孩的父母是睿智的，拥有很高的生活智慧，亦有对世人的慈悲情怀。可是彼时这个孩子尚不能理解父母的深意，他碰了很多壁，吃了很多亏，每个人都把他当傻瓜一样去嘲笑，鲜少有人对他怀有感激之情。

终有一天，他忍不住问妈妈："为什么吃亏的总是我？"

妈妈慈爱地回答："孩子，你知道吗，当有一天，你遇见了一个比你更懂得吃亏和退让的人，他就是你真正的朋友。"

这个世界充满了防备、不安与自我保护。人在成长的过程中，由最初的天真到最后的世故，是在无数的伤痕中积累经验并体悟出的自我保护法则。可是人与人之间仍然是有情的。当我们在生活中关闭天真、关闭心灵、关闭了勇敢追寻爱的大门，我们永远也不会知道，我们将错过什么，我们更不会知道，也许下一个路口，就会遇见那个比自己更舍得吃亏的人。

生活一直在用它的不确定性伤害我们，却同时又用它的不确定性引诱着我们。

想在无常的生活中拥有爱，拥有自己的未来，需要我们充满勇气，主动将心灵打磨成璀璨的珍珠，散发出温柔善意的光泽，才能吸引欣赏这颗珍珠的人。

我想，这样的人生才是有热度的人生。真正内心强大的人，一定敢于主动争取，不论他被生活伤害过多少次，总能慢慢放下自己的怨恨重新起航。当一个女子在歇斯底里的争吵和报复中挣扎时，不论她拥有多么美丽的容颜，也不会再有人喜欢。

美丽是一种认真争取的姿态，是相信爱的那种天真与婉约，是不苛刻他人的独立精神。真正美丽的人即使因为某些原因暂时无法得到爱情，也不会失却对爱的信任和期待。笑一笑，耐心地等待下一个。

女人因为相信爱而美丽，因为拥有爱而自信。爱是奢侈品，总是在受伤之后才姗姗来迟。当我们还在预演阶段的时候，不必害怕，鼓足勇气昂扬进取，我们总能拥抱到想要拥抱的人，总能拥有自己的完美世界。

## 离别是一种人生常态

　　有这样一个故事：一个年轻的女孩爱上了一个很优秀的男孩。男孩不仅性格温柔，长得帅，还会写诗，会打篮球，像从童话里走出来的王子。他们的感情很节制，也很浪漫。他们有过很多快乐的时光和开心的回忆，一切如童话般美好。他们以为他们将一直这样走下去，然后结婚，生子，过幸福的生活。

　　毕业之后男孩去当兵，女孩怀着对他的爱意和对未来的憧憬，每天给他写一封信，直到有一天男孩忽然退役，这个美丽的爱情童话才戛然而止，所有的一切都急转直下。男孩不告而别，说这段感情给自己带来的压力太大了，他没有办法再承受，希望分手后彼此都能找到各自的幸福。

　　这件事让女孩伤心了很久，一直都不能从打击中恢复过来——对方就这样轻易地终止了这段感情，甚至都不曾给她一个详细的解释。

这世间最难以释怀的感情莫过于此，对方粗暴地结束，而自己没有任何心理准备。这还不如天崩地裂地争吵，因为在争吵中，双方的感情都会被慢慢消磨，而不是这样只有一方承受极大的感情落差。女孩哭诉时，一直在询问，一段稳定持久的爱情为何会如此脆弱？

她的故事的确很让人同情，但很多人年轻的时候，也都曾经历过这样分离的痛苦。人们总是在挫折中学会很多东西，学会逃避，学会向命运妥协，学会把离别当成一种人生常态。

古人说，世间好物不坚牢，彩云易散琉璃脆。人心原本就是那样脆弱，我们太容易依赖一个人，太容易把短暂的快乐当成永久的存在。每个在爱中的人，都被爱情的甜蜜麻木着，而忘却了防备随时袭来的风雨。

有些人有些事，注定与我们无缘。在成长的途中，我们曾与那么多人短暂相遇，却又擦肩而过。无数次的离散告诉我们，原来我们一直都在告别……很多时候，我们所拥有的快乐，都只是昙花一现。

世上长久的感情太少，正因为太少，我们才渴望，才期盼。我们总期待完美的恋人，可是现实却常常不尽如人意。热恋中的人总会说"让我们永远在一起"，可是他们忽视了爱情路的漫长，曾经山盟海誓的承诺，走着走着就烟消云散了。

这样的真相，残酷又哀伤。人们常常渴望爱，却又害怕被爱伤害。女人们更是常常陷入爱的沼泽，每一次都以为自己遇到了不一样的感情，却终究发现仍然是殊途同归。

即使最美好的情感，也面临着离散的危险。这个世界有太多为爱情设置的陷阱与考验，有太多与理想相悖的现实，当风雨来袭时候，我们渴望对方能担负自己的未来，但这渴望常常会落空。

当我们永远也不知道明天会发生什么时，唯一能做的就是，即使我们深爱对方，也永远要保持内心深处的独立，不要忘了，别离是人生的常态。

当我们还在爱着的时候，努力地在爱中体验爱，当我们到了不得不离开彼此的时候，请不要悲伤，因为，世事本是如此。

# 很多事，失去之后才懂得

听过一个趣谈：在汽车被发明出来之后，有些有经济意识的人感到非常担心，因为汽车这种更便捷的生活用具必然会取代马车，成为代步的新宠。若是这样的话，那将怎么安置马车夫呢？

最后的结果所有人都知道，马车夫并没有失业，他们花了一点儿时间学会了开车，然后顺理成章地变成了汽车司机。

至于马车，后来并没有人在意，也没有人提起，今天，它们变成了观赏性的物品，在旅游景区偶尔会出现一下。没有人会再想到把它重新拉到大街上，变成大众的交通工具。

有些我们曾经以为对我们很重要的东西，那样轻易地被另一件物品取代了。

有些我们曾经以为对我们很重要的人，也轻易地被另一个人取代了。

很多我们以为自己离不开的人和事，在岁月中渐渐失去了，而后才发现，那是无关紧要的。我们曾经在想象中一遍遍强调和加固它们的重要性，但最终也不过如此。

曾经，我们用尽全力想要留住的人和事，会被时光打磨得面目全非。后来，我们便失去了为此流泪的冲动。

曾经，有人告诉我们，有些东西，只有失去后才能懂得它的重要性。

真的如此吗？很多时候，也许那些在岁月中流失的部分，只是被时光淘汰了而已。

惋惜的东西越多，对自己设定的限制越多，就意味着思维的死局越多。面对离去，我们伤心之余，过不了多久就会投入到新的生活中。

人类虽然有着恋旧的情怀，却也有着强大的接受新事物的能力，就如同适应汽车的马车夫。

丢弃旧物，就像一次重生。那些旧伤痕充塞心中，挤占了太多的情绪，所以我们需要将它们淘汰掉。放下旧爱，才能有足够的关爱给予新人，扔掉旧物，才能有焕然一新的姿态。

很多通透的人，在一次次的伤害中学会了淘汰，学会了筛选和遗漏，将一些无关紧要的依恋清理掉，砍断所有不切实际的念想，大步流星地走向新的巅峰。

我们在旧伤害中一次次涅槃，为的就是总有一天找到真正适合我们的人。

我们因为比较而做出选择，又因为选择而淘汰旧物。不论旧物残留着多少感情，所有的人都倾向于选择那些更方便的方式。就像再喜欢马车，我们最终也都会选择汽车，因为汽车更快更方便，更适应社会的发展。

摆脱了对旧物的依恋，我们才会明白：很多东西在失去后，你才知道它并不像你想象得那样重要。比如，一份明明不喜欢却又不得不做下去的工作、一段无爱的婚姻、一个明知道应该放弃却放不下的人。

真正有强大内心的人，会清晰地分辨出什么是对、什么是错，在人生的岔道口，他们知道该如何选择，继续走下去。

# 用面和线的姿态生活

　　星座学上说，水瓶座的男人最喜欢有见识、有思想、读书多的女人。尽管我一直都认为星座书是一种典型的用结果去验证过程的伪科学，用模棱两可的语言总结了大多数人的规律。但这句话还是让我高兴，因为很久以来，学姐或是女性长辈都告诫过我，一个太有见识的女人是危险的，因为男人并不喜欢他们不能掌控的女人。

　　有个女硕士在学期过半时，说出了她的困惑。

　　"我的男性朋友都觉得我很古怪，我偶尔会转述一些理论或是自己的想法给他们，他们便大惊失色地问'你最近在看什么书啊？你的脑袋里为什么总是想一些古怪的东西？'"这些疑问让她觉得她的阅读与思索，不仅没有增加她的个人魅力，反而令身边的男性感到疏远与不安。

阅读和思考，本来是一件很美好的事，却被很多人视为洪水猛兽。《愚人颂》中曾经提到过，古代希腊有个地方，认为人类不该获得自己不该知道的知识，他们认为，人类渴求这些额外的知识是对神灵的亵渎和对自我的伤害。只是，再严厉的刑罚也不能扼杀人类天性中对知识的渴求。人类喜欢阅读，因为在这个过程中，会不自觉地享受到精神上的愉悦。

这是一个不断前进的时代，只要努力，只要学习，每个人都能找到自己的一席之地，只要略有优势，就不会害怕被饿死。

有调查说，现在阅读的主力只剩下青少年，中年男性在看球，偶尔翻翻报纸，女性大部分时间在做家务。很多年轻的女性都在淘宝购物、逛街或者是美容。

年轻女性，是否只有忘记了觉醒及思索，才能成为男性喜爱的女性？阅读的女性真是令人惧怕的吗？老祖宗是多有智慧，才会说出"女子无才便是德"这样的话？

不阅读的女性无法看见自己的处境，无法思考未来的出路以及所有的可能。不阅读的女性安于现状，在两性关系中，常是顺从的那一方。阅读的女性，产生了反省的力量，挑战传统与另一半，也挑战自身。

　　"男人很怕阅读的女人。"有人这样说。

　　这个问题还可以深层次地挖掘一下，阅读的女人，男人为什么会害怕？有人这样回复："怕女人太聪明；怕女人看得太透；怕女人顿悟到不是非你不可。"我想，这是聪明女人的回答。

　　更聪明的女人会理解会思考，还拥有一份和男人同样精湛的技能，她们像男人一样自律，像男人一样负担自己的人生，让男人无法掌控，如同随时都可生根开花的鲜花一样，不属于某个地方，某个人。我想，这才是让男人觉得"可怕"的地方吧！

# 这世界上的爱，只有一对化茧成蝶

　　朋友有一个很不错的男闺蜜，对方一直暗暗喜欢她，但她始终以性格不合拒绝和对方进入恋人关系，但每次她和男朋友发生了不愉快的事，她都会打电话给男闺蜜倾诉。

　　和男朋友分手的时候，朋友哭得很伤心，她又一次打电话给自己的男闺蜜，向他发泄着自己的愤懑，倾诉着自己对另一个男人的思念。男闺蜜倒也耐心，每次她来倾诉，他都陪着她，直到朋友又一次投入到新的恋情。每次她和男朋友吵架，照旧不管多晚都会打电话向男闺蜜倾诉。渐渐地，她觉察出对方有些不耐烦，后来对方有几次借故挂掉了她的电话，没过多久，就听说他交了女朋友。

　　又一次夜深人静的时候，她打电话过去，对方却设置了拒接的忙音。这让朋友非常愤怒，她很伤心地向我抱怨，对方曾经说过随叫随到，为什么还不到半年就违背了诺言？

我说，原因很简单，这个世界原本就不存在无缘无故的爱。一个人肯对你好，只是因为他想换取等价的回报。只有索取却不付出对等的爱，这样的关系是不能持久的。

一个男人给你承诺的永远，只有在当时是真的。如果你不能回报给他想要的爱情，就没有资格要求他一直持续这样绝望的等待。

这个世界是守恒的。所有的拥有都需要付出，所有的爱都要求回报。"永远"只在被说出来的那一刻才是真的。

生活需要守恒，爱情也需要守恒，付出和得到都需要守恒。男人承诺的永远或者没有条件的爱不要当真，因为很少有人能克服人性中自私的本性和对情感的渴求，当一个人为另一个人付出而不求任何回报的时候，只是因为他期待的回报是爱情罢了。

QQ空间里曾经流行过一句话：你喜欢某一样东西，一定要学会自己买给自己。电影中也有过类似的句子：出来混，迟早是要还的。即使各自深爱着对方，也不要妄想得到免费的午餐。爱情是一种感觉，人在这种感觉中，会不自觉地付出。但感觉永远都是世界上最不靠谱的东西，当感觉消失，人又回归理性的时候，付出的感情没有得到相应的回报而产生的不甘心，会暴露出彼此最丑陋的部分。

有一句丑陋而深刻的话：这世界上的爱，只有一对化茧成蝶，剩下的都变成蛇虫鼠蚁，难看死了。

人与人之间最好的相处是相互促进，相互付出与给予。不论是男人还是女人，都拥有肉体和心灵，没有人是钢筋水泥铸就的。爱的守恒，就是一种彼此的关心和体谅。

人始终是情感复杂的动物，不同的人，相爱的表现也不尽相同。很有可能，有些正在爱着的人连自己都不知道那样的做法就是爱。爱的付出、期待和给予，是两个灵魂的相遇与碰撞之后要抵达的一种境地。

正是因为有爱的守恒，才有了世界的两面性，比较理性节制的人，往往会因为她们在爱情中过于强大而败下阵来，而那种完全沉沦的人，总在爱里受到伤害，最终却取得了胜利。

最好的爱就是，接受这世界的守恒定律，期待美好，努力奋进，不存非分之想。

# 总有一些命运掌握在自己手中

[↗]

人不能选择出生的命运，但可以选择生存的命运，总有一些命运掌握在自己手中。

一个女孩长得虽不甚美，可每一个靠近她的人，都能感觉到她身上有一种掩饰不住的活力——这是一种长期在风雨中历练才能绽放的生命力。

我对她的经历表示了一点儿好奇，她对我说，高中毕业之后，因为家庭困难，她没有念成大学。父母在当地的超市给她找了一份售货员的工作，算上提成，一个月能拿三千多块钱，她干了几个月，终究还是有些不甘心，就不顾父母的反对，辞掉了这份工作，买了一辆二手摩托车，学别人做起生意来。

她说，当时也没多想，就想着这是很多没念过书的人都能干的事，自己为什么就干不了呢？

第一单只赚了八十块钱，她并没有气馁，一直把这件事干了下去。做生意做了一年多，攒了五万块钱，她终于可以回学校上学。可在上学的路上，这五万块钱居然被人偷走了。她不但又一次和大学失之交臂，而且还失去了自己一年多赚来的本金。

她向家人借钱，并没有得到家人的支持，大家都劝她不要再折腾，老老实实地做个售货员算了，至少安稳可靠，不用像以前那般风吹日晒，还提心吊胆。

她没有接受众人的建议，想方设法地贷了一些款，重新开始做买卖，一点点地学习，一点点地积攒，终于攒到了二十多万。

眼见已经是适婚年龄，父母觉得这些钱正好可以让她找个人嫁了。她没有依从。一个偶然的机会，她得知了一个投资项目，不顾家人的反对，将所有的钱都投在了这个项目上，或许是天道酬勤，或许是时来运转，这个项目第一年就赚了二十多万，她慢慢累积，后来又开了三家公司，把生意做得风生水起。

她说，如果当初她依从了家人的意思，大概一辈子也只是一个售货员了。对一个毫无背景的女孩来说，买房、买车，还有办厂，永远都像是个梦。平凡的人只有不甘平凡，去努力改变，去掌控自己的人生，才能改变既定的人生轨迹。

她让我想起了很久之前看过的一个故事，两个人同时去了美国，因为语言不通，又人生地不熟，所以只能当洗车工。其中一个人，不甘心一辈子只当一个洗车工，一心想成为一名律师。他在洗车的同时，还坚持不懈地学习法务知识，不论别人如何嘲笑他，他都坚信自己终有一天会成为一名出色的律师。而另一个人，总觉得改变现状不过是一种奢望，一种臆想，安安稳稳、平平淡淡才是最好的生活。故事最后的结果是不言而喻的，第一个人经过自己的努力，终于通过了律师的考试，成为了一名优秀的律师，而第二个，一辈子只做一个洗车工了。

改变自己的命运或是人生，有时候只缺一点儿执念。我常常听人说，命运的无情之处，就在于它给了我们不可更替的家庭出身、性格、样貌以及各自的天赋，只不过，弱者总是在怨恨命，而强者总是在强调自己的运。

从奥运会的口号"更高、更快、更强"能想到，很多时候，竞技类的活动，其实是一群天才的竞争，因为不论我们怎么努力，都无法长到姚明那么高，因为这是由先天因素所决定的。天赋无法更改，我们所能改变的，只有努力了。

外界的帮助注定不太可靠，我们无法预料到会遇见什么奇怪的人，谁会落井下石，谁会雪中送炭，谁又能给我们提供平台和资源。我们唯一能依托的，就是自己的努力和才能。想要成为品质卓越的人，先决条件就是有能力将自己的生活过好，一个人把自己的生活折腾到难以维持的时候，所谓的优秀品质，于他来说是不沾边的。

每个初入社会的人都会发现，自己面临着一场异常激烈的竞争。把自己磨砺得越强，越是靠自己的能力去获取资源，受命运的冲击就越小——因为命运已经掌握在自己手中。这个世界上，往往越靠近真理的部分越容易被人忽视。大部分人都不爱吃苦，不能坚持，所以成功才显得如此珍贵。

性格决定了命运，掌控命运的唯一方式，就是拥有不可替代的能力，努力达到自己行业领域的顶尖水平，靠这样的方式获得更多的资源。

张爱玲曾说过一句经典的话：出名要趁早。我想，努力也要趁早。尤其是当我们还足够年轻，有精力、有理想、有冲劲的时候，更应该及早地把握住属于自己的人生。

命运一半掌握在上帝手中，而另一半却掌握在自己手中。成功，无非就是用自己手中的一半去赢得上帝手中的另一半。

# 接受不完美

电影《盗梦空间》中，造梦师可以为人们营造出完美无比的梦境，于是，梦的主人不愿意再从美梦中醒来，他希望永远待在梦境之中。

相较于通过艰苦的努力去实现理想，沉浸在美梦中永不醒来是一件轻而易举的事情。

很多人都怀揣着梦想，当然，更多的人是抱着天上掉馅饼的心态。

每个人实现梦想的方式大不相同，有的人一直在做梦，有的人是仰仗他人的助力，只有极少数的人是通过自己的努力从现实的困惑中解脱出来。

前面两种人，他们的希望注定会破灭，但是对那些不断努力的人来说，如果告诉他们，理想中的美好生活永远不会出现，会不会有些残酷？

很多人学习生存的本领，学习各种技巧，用尽全力去考取各种证件，可是学完了之后呢？

人们期待的那种"理想又完美"的生活永远也不会到来。

其实，充满琐碎和烦恼的人生才是真实的人生，不管我们走到哪里，琐碎和烦恼总会如影随形。要获得幸福，就必须要有持续处理琐碎事务的能力，人生有太多太多的麻烦没办法一劳永逸地予以解决。

女人爱上一个男人之后，总是按照自己的期待去改造这个男人，这是很多恋人吵架的根源。

女人们发现，热恋期的男人会压抑自己的本性去迎合她们，但等彼此相互适应、了解之后，男人会显得越来越不耐烦，经常会对女人的要求置之不理。

同样的道理，当一个人努力拿到一个工作的offer，或是考取一个含金量很足的证件之后，他（她）的兴奋也只会持续一周。

人的大脑总是喜欢新鲜刺激的生活，对一成不变的生活一定不会感到满足。大脑总是把熟悉的事物淡化为背景，而把陌生的事物凸显在这一背景上，这些新鲜的刺激和变化才能让我们兴奋快乐，这也是人生充满矛盾的原因。

正是生活中的各种矛盾和各种挑战刺激我们的大脑，让我们时刻保持活跃，并享受征服的快乐。

那种一成不变的生活，过不了多久就会让我们感觉厌倦，因为我们每个人都是为了迎接挑战而存在的。我想，最好的心态就是接受现实，放弃对完美的期待，用心经营好普通的生活。

# 有些美好，再也无法重来

有些陪伴早已成了习惯，好像都是理所应当的，直到有一天错失，才发现有些美好再也不会重来。

读到一个爱情故事，明明很凄凉，作者却淡淡写出，这更让人感到格外伤感。

故事说的是：一个男人和一个秀外慧中的女人结婚了。女人懂得制香、点茶、养花和描描画画。他很爱她，并安然地享受着她带给自己的一切美好，直到有一天，一场突如其来的噩耗发生了。女人因为一场意外飘然逝去了。

男人提到妻子遇难的事情时，说了这样一句话："很多话想对她说，当时总觉得会有一辈子的时间，总有机会慢慢讲，所以就一直这样淡然地与她相处着，安然地在她所营造的幸福里生活，却不曾想到过，她有一天会突然地离开我。"

纳兰性德曾写过：赌书消得泼茶香，当时只道是寻常。

很多事情，我们习以为常，直到失去的那天，才意识到人生是如此的无常。所有的东西都无法永远属于我们，随时都有可能会失去，父母、朋友、情感，每一次离别都有可能是永别。

每一次相逢都是久别重逢，每一次失去都有可能是永远失去。

在人生的旅途中，我们与很多人说过永远在一起，说过不别离，说过永不相忘，可没有几个能禁得住岁月的冲刷。

爱如指间砂，不知不觉间就随风而去了。

我们无法掌控人生的无常，无法预测下一次的别离，唯一可以掌控的，就是在我们还拥有的时候好好珍惜。

人生如同一辆疾驰的火车，在途中，有很多人上车、下车，有的人陪过我们短暂的一段，有的人陪我们度过了漫长的路途。

年轻时，我们总爱轻易说别离，总以为上天会一次次给我们机会，让我们有机会弥补伤害过的人，有机会重复和找寻曾经错失过的爱情与人生。很久之后才知道，很多伤害，很多错过，永远不再有机会弥补。

汶川地震、马航和亚航的失事、尼泊尔地震，让无数人失去了亲人。人生中充满了这样意外的伤害，提醒我们从麻木的状态中清醒过来，用一种昂扬的姿态活着，因为我们并不知道，这一次的错过，还有没有重来的机会，这一次的伤害，还有没有时间弥补。

生命中充满了错过和遗憾，我们都在错过、在遗憾，在这样的反复中，构成了我们完整的人生。我们在无法挽回中慢慢学会了珍惜，学会了宽容，在岁月的薄情中打磨出了属于自己的厚度。

有个朋友曾经和我说：二十岁之前很懵懂，二十岁到三十岁都是碰撞期，三十岁到四十岁的时候才逐渐稳定，四十岁之后，身体状况每况愈下，人生最好的年华也基本都流逝了。所以，要珍惜属于自己的美好人生，好好爱身边的人，管理自己的身体，磨砺自己的思想，做一些有意义的事情。

这话让我十分震惊，确实，时间还握在我们手上的时候，我们总觉得还很长，可是一旦走过，就会惊觉它流失得太快。当衰老和别离慢慢来临的时候，还能记得起我们有多少事还没有完成，多少未读的书要读，多少目标没有实现，多少要爱的人没有来得及好好爱吗？

人生短暂，是为了让我们学会珍惜。珍惜身边的人和事，珍惜握在手中的每一点每一滴的时光。因为我们不知道，有多少错过，永远无法重来。

PART 6

靠眼泪无法做到的事，
只能靠努力去实现

这个世界从不相信眼泪。

没有人喜欢在别人的安排下生活，乐于接受约束，必定是有原因的。

选择奋进，或是选择堕落，都是一个人的自由。可是，人在年轻的时候不管理自己，总会为此付出一点代价。

对于能用整个生命的热情对待生活的人来说，她们真的很容易被生活所爱。

你太小看小事了。人与人之间的信任，常常就是在小事之中慢慢瓦解的。生活中尽皆琐碎的小事，我们只有善待琐碎，才算是善待了生活。

# 不是有个肩膀，就可以永远依靠

不能因为有个肩膀可以依靠，就可以永远依靠，让自己与对方保持平等的姿态，才会有最持久的爱情。

范冰冰版的《武媚娘传奇》热播时，收到了很多鲜花与批评。其中最大的批评声音就是，这部剧把武则天改编成了一个"傻、白、甜"，一副大刺刺的傻大姐形象，完全没有心机女的样子。这种形象，与历史上女皇武则天的形象大相径庭，以至于观众给出这样的评论："这样也能当皇帝？""真是天上掉下来一个皇帝给她当。"

当然范冰冰自有其无奈，既要保持女主角善良的正面形象，又要营造出权力争斗时的步步惊心、皇权背后暗藏杀机的无奈与血泪史。

这两者本就是对立的，很难统一在同一个人身上，稍有不慎，主角就是一个精神分裂症患者。除此之外，还要加上历史大事件的条条框框的限制，所以能把各种大事件暗合，把故事凑得圆满团圆，就当是皆大欢喜了。

同样是女人剧的《甄嬛传》，在热播的时候广受好评，一度飙升到收视榜首。和《武媚娘传奇》一样，《甄嬛传》也是一部皇宫心机女成长的血泪史，唯一不同的是，甄嬛的争斗始终是在男权思维下进行的。不论是讨皇帝欢心还是谋求自己在皇宫中步步高升的地位，这一切都是皇帝的恩赐，他给予她，却也随时能够收回，从甄嬛三番五次的大起大落便可见一斑。

可惜的是，甄嬛一直到最后才悟出这个道理，就像张爱玲曾说过的那样："一个女人，再好些。若得不到异性的爱，也就得不到同性的尊重。"传统社会中，女人的价值需要依附于男人而存在，需要得到男人的肯定与认可方能彰显。所以《甄嬛传》中，所有的女人都围着皇帝一人打转，因为他可以赠给她们无与伦比的地位，他手中掌握着绝对的资源分配的权力。

武则天则是另外一番光景。她年轻的时候学习了一些时政经略，能像男人一样有谋略有眼光。她终究跳出了甄嬛的圈子，用与男人同等的姿态，获得了自己想要的东西。

像武则天这样的女人，她们的思维是让男人有些惊惧的思维，因为她已不再等同于甄嬛，只祈求男人们的可怜与施舍，而是把自己变成了同男人们一起在政治舞台上搏杀的猎人，追逐着自己想要的猎物。

有个女孩曾经问过我："女人要以怎样的方式才能获得地位呢？"

其实，当代女人的地位之所以有了很大的提高，只是因为工业革命后，女人们逐渐强大了一些，可以和男人们一样在工厂、田间劳动。

说白了，无非是经济基础决定了上层建筑。

如果一个男人对一个女人只有一些同情与怜悯，那这个女人的地位终究是岌岌可危的，因为感觉往往是这个世界上最不靠谱的东西，是他人凭借着一时一地的兴趣施予的，只要对方觉得不开心，随时都有可能收回。

再者，一个拥有强大内心的女人，即使不去工作，也不会将自己的情怀与野心消磨在机械重复的博取男人欢心的争斗上，而是时刻保持着危机感，不停学习，不停地提升自己的价值。

当家庭出现问题的时候，那些还模仿甄嬛的女人可以略微反思一下，是不是太过于依赖男人，寄予太多的希望在他们身上，才会让自己失去了被尊重的地位？

在这个物欲横流的世界，我们无法像武则天那样手握所有的资源，但我们可以努力让自己不去依赖别人，努力保持一个独立的自己。我们让自己变得强大也是为了保持被爱的资本，不论我们强大与否，我们都需要爱。

所以，对于一个能养活自己的女人来说，最大的好处便是离开了谁都不致命。当然，她们也并不是完全不受伤，只是受伤的程度比较小。

而当一个男人用平等的眼光去看待一个女人，而不仅仅是施舍或同情的时候，这份因为平视而带来的尊重与神秘感，会为爱情持续加温，会让两个人的关系更稳固。

# 不会饿死的秘密

在《水浒传》中，梁山泊覆灭后，有几个仍然活得还算滋润的人，一个是钦命回京的安道全，就职于太医院，做了紫金医官，另一个是金大坚，在内府御宝监为官，此外便是圣手书生萧让，在蔡太师府中受职，做门馆先生。

仔细观察这几个人便可知，他们都有一个共通点，即都属于"技术人才"。安道全医术高超，金大坚善刻碑文，萧让会写诸家字体，这样的技术国手，虽然曾有过一段黑历史，但是相对于其他梁山好汉来说，他们的结局都还算不错。

卢梭在《爱弥儿》中提到过，拥有一技之长很重要，因为这是安身立命的本钱。这本书流传甚广，这个观点当然也被极大程度地接受，据说法国国王路易十五读罢此书之后，学会了做木工。

郑也夫先生在谈到《吾国教育病理》时候，曾以德国的教育例证说明，对大多数普通人来说，掌握一门实用技巧是多么重要。

社会学奠基人之一埃米尔·杜尔凯姆也认为，专业技能的学习，能让合适的人在合适的位置发挥自己的才能，不会因为无法身居高位而有所不满，也不会因为工作和技能无法匹配而感到无奈和不快。

由此可见，技能是多么重要。

在当今社会，技能仍是养家糊口不可或缺的因素。不论学历高低，不论身份贵贱，只要你能掌握一门高超的技术，就会有人愿意为它买单。不论你是画漫画的、写文章的，还是会化妆、会跳舞，都能靠自己的技能在社会上找到一席之地。

一个励志作者曾经在博客上写过一句话：在这个时代，只要你比别人拥有一点儿优势，就不会饿死。

不仅仅不会饿死，还会拥有更多的选择权，更有机会过上自己理想的生活。

但技术不是先天拥有的，唯有学习，方能得到。有人认为学习并不快乐，尤其是枯燥、重复、大量的练习，是一件痛苦的事情。可以想象，拥有一技之长的人必定经历了一番刻苦的学习。熬过最开始的痛苦，才有可能完全掌握一门技能，才可能拥有睥睨天下，为自己买单的资格。

有了技术，就有了依仗和底气，在为自己的任性买单时，也就少了些许后顾之忧。你不会再纠结淘宝上一件一百块钱的雪纺裙到底该不该买，也不会再把时间浪费在菜市场甲家的蔬菜比乙家便宜一块钱上，或许你可以开始一场说走就走的旅行，或许也可以任性地说"世界那么大，我想去看看"。

即使容颜老去的时候，我们仍然可以依靠熟练的技术，从容不迫地在这个世界中找到属于自己的那个位置。

## 只要在战斗，就还没输

生活是个暴君，时常会让我们感到生存的艰辛，会残忍地让我们无数次目睹生命在各种重压下扭曲变形。即便是这样也不要放弃，要挺过去。坚持，是优秀与劣质的分水岭。

有一则被转发了无数次的小故事：

一个人接连遭遇了几次挫折和打击，感觉到自己已经走投无路，失去了继续生活下去的动力，只能把希望寄托于神佛。他来到一座庙前，虔诚地跪拜菩萨，转过头，忽然看见另一个人也在拜神，出于同病相怜的心态，他问了对方是谁。

那个人笑了笑，说："我就是菩萨。"

他十分惊讶："你是菩萨，还要跪拜自己吗？"

那人点头说："不错，任何时候，求人不如求己，所以菩萨也需要拜菩萨。"

他幡然醒悟，立刻收拾心情回家了，把自己荒废已久的事业重新拾起，咬紧牙关重振旗鼓，最后终于获得了成功。

这个故事旨在说明一个道理——只有自己，才能拯救自己。

人的一生总会遇到一些敌人，如流氓、无赖等。但是，这些敌人都是一时的，人生最大也是最难战胜的敌人是自己。因为每个人都在尝试克服自己的惰性、拖延与塞责，但只有极少数人成功了。

我常常听到有人这样念叨："我学历很低，可又是一个争强好胜的人，我想自我强大，应该怎么做？该去做什么工作呢？再就是，我老公出轨了，我想忍，可是又不甘心输给那个女人，我应该怎么办？

大部分反复纠缠于同一个问题的人，都容易陷入生活的困境中，只有意识到问题并立刻想办法改变的人，才能很快脱离困境。

事实上，没有人能解救我们，生活中属于自己的那种困境，只有靠自身的努力才能改变。

除你以外，没有人可以作为最后的壁垒，我们曾经依靠父母，可是父母只能陪我们走过前半生；我们也依靠过爱人，可爱情也可能会被现实击败。

我听过最多的话就是"我不行，这件事对我来说太难了"，从一句话里可以看出一个人的类型，畏难是普通人的心理，而迎难而上是强者才有的姿态。

人，只有在放弃战斗的时候才算输，只要在战斗，就还没输。说起来，一个人克服一点儿困难也许并不难，难的是能够持之以恒地做下去，直到最后成功。

《简·爱》的作者曾意味深长地说："人活着就是为了含辛茹苦。"是的，你很讨厌自己承受着各种压力，内心经受着百般煎熬，可这就是真实的人生。确实，没有压力是过得舒心，但也肯定没有作为。扛起压力向前走，才能成就自己。

在困境中，我们常常幻想自己拥有无上的权力或超人的能力，仿佛这样，所有的困难都会迎刃而解。只是梦醒了后，发现生活还要继续，还要接着面对自己只是个普通人的现实，还得从点滴的小事开始克服人生的困境，慢慢地摸索出一点点掌控人生的技巧，日积月累地达到自己的人生目标。

怨天尤人没有意义，这个世界从不相信眼泪，只相信努力奋斗。一个自我放弃的人，是不配得到他人帮助的。这个世界没有亏欠谁，没有人天生就该衣来伸手饭来张口，所有的一切，都要靠自己的努力才能得到，甚至有时候努力十二分，才能获得三四分的回报。

没办法，当我们的姓名前没能冠上"某二代"三个字时，只能努力地调整心态，迅速适应自己的社会角色，扛起属于我们的那份责任，在这个残酷的世界中找到属于自己的一席之地。

所有胜利的第一条件，即是要战胜自己，战胜自己的过程就是自我完善的关键，是真正意义上的自救。

成长总是伴随着心酸。很多时候我们都在后悔，早知今日的艰辛，当初就应该多努力一些。可是惰性、拖延、放纵自我，这些我们的次人格，要克服它们实在太难，即使付出极大的努力，也才得到一点点成效。我们不得不时时提醒自己，不一点点剔掉这些肌体上的腐肉，一切都会前功尽弃。

这世界就是这么残酷，这是人生的真相。

我们永远都是孤独的。永远都在独自对抗这个世界，即使有了家人的陪伴，有了爱人的支持，我们的生活和生命中仍然有着对方所不能理解的部分，需要靠我们去完成。在这样的现实中，我们只能靠自我努力，扛起属于自己的责任，努力强大和完善自我，抵挡来自四面八方风雨的侵袭。

## 靠眼泪无法做到的事，只能靠努力去实现

一个年轻人偶尔来到算卦摊，请算命先生帮他卜一卦。先生看了他的八字后，笑眯眯地说："小伙子，你是荣华富贵之命啊，将来肯定会科甲连捷，考中状元，做官是官运亨通，求禄则财运大发，福禄寿喜财，一生受用不尽啊！"

年轻人听完这番话，得意极了，回家之后整天优哉游哉，一心等着好运砸到头上。他不读书、不经营、不料理家务，坐吃山空，渐渐把家里值钱的东西卖光了，后来落得个家徒四壁，连饭也吃不上，结果活活饿死了。

年轻人的魂魄到了阴间，来到阎罗王那里。落魄的年轻人觉得自己的一生都毁在算命先生的手中，他请求阎罗王替自己伸张正义，重重惩罚这个信口开河的算命先生。阎罗王听了申诉后，拿出生死

薄调查情况时，竟然发现年轻人阳寿未尽，心生疑惑的阎罗王只好带着年轻人的魂魄去求教玉皇大帝。玉帝命手下拿来富贵簿仔细一查，发现年轻人确实应该是大富大贵、状元之命，为何却落了个饿死的悲惨境地？

玉帝做事效率很高，立刻派神仙把最了解详情的灶王爷请到了灵霄宝殿问个究竟。灶王爷无奈地说，这个年轻人懒惰成性，整天不思进取，虽然富贵簿中写着他有状元之命，但起码他得读几年书，练几年字，把规定的四书五经读熟，馆阁体练好，然后一级一级去参加考试，才能榜上有名吧！事实上，他连秀才考试都没有去参加，哪来的状元之名？除此之外，灶王爷还在他家的地面之下悄悄埋上大量金钱，哪怕他稍微勤快些，挑挑水锄锄地，也能轻而易举地发现这些宝贝啊……可见，算命先生算得再准，自己不加努力也没用，落到这种田地，能怪别人吗？玉帝听后点点头，考虑到年轻人的阳寿未尽，命中尚有富贵，决定将其投胎到皇宫中做只乖巧的狸猫，同样可以享尽荣华富贵，作为对他前世的补偿。三天后，懒惰而命好的年轻人，投胎做了宠物……

这个故事其实是一桩笑谈，这样的结局，正应了好吃懒做者的心思。

想实现任何事情都需要付出代价，想实现想要的人生都需要不懈地努力，唯一可以不劳而获的就是贫穷和堕落。

有一句老话叫"救急不救穷"，并非是大家心地残忍，而是很多时候，在智力差异不大的情况下，一个人的贫穷往往是懒惰所导致的，并不值得同情。如故事中的年轻人一般，贫穷都是因为自己的懒惰行为所导致。

生活最大的残酷就在于优胜劣汰，这一点是和整个自然界的生存法则相一致的。残忍的现实从不相信也从不聆听弱者的祈祷，没有人能给予另一个人无条件的爱。所有有价值的东西，都需要用努力来交换，所有的爱，都需要用同等的给予和付出来维系。

眼泪并不能解决任何问题。曾经在书上看到过一句话：若是因为自己的悲伤而不把该做的事情做好，到头来反而会更忙乱。我见过很多人因为心情不好而搁置了自己原本该做好的事，我同情抑郁症患者，但我更能明白很多人不过是把心情不好当成自己逃避的借口罢了。

有一句很经典却又很残酷的话：生活不是你妈妈，不会原谅你的矫情与懒惰，这个世界是个冷酷仙境，每一个成功的人都付出了极大的代价，站在顶端的，永远都是那些温柔的强者。

很多时候，我们那些靠眼泪无法做到的事，不妨咬紧牙关争口气，对自己狠一些，用拼命努力去实现自己的目标。

Part 6 靠眼泪无法做到的事，只能靠努力去实现 | 225

# 人生的弯路你非走不可

　　一个二十多岁的小伙子爱上了一个非常漂亮的姑娘，他觉得姑娘是他生命的全部。两人在不同的地方工作，小伙子每个周末都会坐飞机去姑娘的城市，买花、买首饰，千金散尽只为博美人一笑。

　　不过那美人容貌出众，小伙子不过是她裙下之臣中的一个。他追了姑娘两年，终究不敌其他财大气粗的主，败下阵来。

　　这期间，他父母有些着急。在父母的嘱托下，有人给他介绍了一个当老师的女友，这个女孩工作稳定，性格讨人喜欢。但是他见了几面，就以没感觉为由打发掉了。

　　说是没感觉，其实是嫌弃对方长得太普通，没有他追求的妖娆的美感。

之后他又陆续谈了几次恋爱，晃晃悠悠，他已经迈过三十岁的门槛。又过了两年，同学的孩子都到了会打酱油的年龄，他开始有些着急了。在父母的安排下，开始进行自己曾经最抵制的相亲活动。

相亲倒也简单，男女双方把各自的条件摆在桌面上谈，或取或舍，或进或退，有一分不合适当即一拍两散，不用留什么余地。他相了几次亲没遇到中意的，眼看时间又晃过一年。一天，他想起了那个女老师，觉得那个老师还真不错，不过现在应该也结婚生子了吧？

这个故事让我想起了一件往事。有朋友看了我从众多书中精心挑出来的书目后，开心地说：真好，这样我就不用走弯路了，我以后着重看这几本书就可以了。

我对朋友说，这是不成的。读书是一个积累的过程，要由浅入深，慢慢形成自己的知识体系。仅看书目上的几本书，不免相当枯燥，同时失去了循序渐进的过程。

朋友似懂非懂地点了点头，我知道她并没有完全明白。她想走捷径，虽然她听见了我说的话，但是却不会真的按我说的做。

读书和人生一样，总要有坏的经历才能明白什么是好，绚烂之极才能甘于平淡，最终返璞归真。

人生的一些弯路是非走不可的，总要经过几次兜兜转转，才能学会换一个角度去看问题。如二十岁的时候，总觉得衰老是世界上最可怕的事情；三十岁的时候，失业会痛苦到死；四十岁的时候，为家庭和孩子的教育头疼不止；五十岁的时候，宁可用世界上所有东西换回健康的好身体。如《论语》中说的："吾十有五而志于学，三十而立，四十而不惑，五十而知天命，六十而耳顺，七十而从心所欲，不逾矩。"即使我们拥有再高的智慧，也不能在十五岁的时候就明白七十岁的道理。

经历一些人生的风霜后，我们才会明白当初应该怎么做，应该做什么。人生的每个阶段里，我们都是在"后知后觉"。旁人的道理，自己不曾体悟，就不会真正理解。

年轻的时候，我们往往沉沦在情感中，为了七情六欲而感伤。只有体验过人事的变迁，痛定思痛之后，才能彻底放下妄念，踏踏实实接受生活，否则，永远也无法真正心甘情愿。

只有走过这段弯路，在体悟之中消磨掉那些不甘心的妄念，磨平一些炽热的情感，最终汇入生活的细流，然后，记取所得，忘却所失。

春花、夏雨、秋露、冬雪，每一处的风景都是绝妙的。当我们以执念入局时，只能沉沦在这段体验中，或痛苦，或幸福。只有经历过后，才能懂得命运安排这个过程的意义。

古人云，纸上得来终觉浅，人生没有白费的经历，不论是幸福还是哀伤，都是成就我们的，并且是必不可少的旅程。当我们觉得我们在走弯路，在后悔伤感中想要消弭过去的失误时，却不知道，恰恰是这些历程，让我们成为了今天的自己。

小伙子的爱情历程，是一个人从男孩成长为男人的历程。不经历情感的弯路，他不会甘心追逐平凡的幸福。

# 不要随便就看不起别人的付出

总是轻视别人的人，其实是不肯承认自己的平凡。

妹妹和我的几个朋友同时在玩一款益智游戏，这个游戏每到周六都会有一次知识竞技。知识竞技有一个题库，大部分以天文、地理、历史、神话、建筑、中草药、佛教知识、诗词和文学常识为主。妹妹邀请我加入，我和她一样，也喜欢上了这个活动，基本上只要没有什么重要的事，我都会积极去参加这个活动。

妹妹带有一种碰运气的心态，遇到会的题就马上去做，不会的就走马观花地略过，也不去查相关的书。其实里面很多题目都是常识性的，大多来自于经典书籍。每次考完之后，妹妹都和我说她要下决心读完哪几本书，要好好琢磨一下考题，甚至还要像我一样，边考试边用笔记录下所有不会的考题，查漏补缺，争取在下次比赛之前，把自己的不足都补回来。

她每次发誓说要看什么书，都是三分钟热度，等这个新鲜劲一过，就立刻把誓言抛诸脑后，过不了多久，她就积极地参与到别的活动当中去了。在这期间，她有过很多空闲时间，我时常看见她和别人在一起闲扯，拉家常、打麻将、听歌、看剧，就是没有时间提升自己，也没有时间再翻翻她说过要细读的那几本书。

每次我去提醒她，她都和我说，那些题目她看一遍就能记住了。

如果她有这样的记忆力，上个清华北大是没有任何压力的。而据我目前对她的了解，她还远远达不到这个水平。大部分人的智商差别不大，我们与别人的差距，就差在彼此努力的程度上。

无论你做什么事，别人不会关心你有什么样的动机，所有人都会看你用了什么样的态度、方法和最后的结果。

一件小事，就能反映出这个人对工作和自我要求的态度。

就像我一个对什么都"无所谓"的朋友，真的是个对什么都无所谓的人，人生是，生活是，感情是，对事业追求也是。总之他的人生没有什么重点，凡事对他来说都是无可无不可，所以他做什么都不专心、不用心。我从来没见过他用十二分的精力做过什么，用他的话来说就是这些都无所谓，只要明天天不塌下来，就没有必要投入精力去经营这些，反正又不是什么要紧的事情，即使不去做，也不会死人。

他甚至都说不上来自己真正的爱好是什么。很少有什么主见，总之是别人喜欢什么也跟着做一做，但是也不会投入多少精力。

这样的人，失败是早就被预见的。这种人的人生，即使不失败也注定是乏味的。

我对这样的人生态度曾感到奇怪，你都不知道他真正喜欢什么，讨厌什么，那人生还有什么乐趣？也根本享受不到爱与乐的滋味啊。

与这样的人成为同事，一定是万分辛苦的，这样的工作态度，这样被动的人生，不仅仅伤害自己，也伤害别人。有时候，别人并不在意你在做什么，在意的是你用什么态度去做。

就像妹妹说，你既然把这些都收集好了，那就全部发给我，我考前看一下不就行了嘛！

我说，如果你真的喜欢这个活动，为什么不去主动收集那些不知道的知识点，为什么不主动看看经典作品呢？每天抽出一个小时看看这些书，对大学生来说，并不是什么难事啊！

我经常听见这样的声音：你做的我也能做，不就是如此这般嘛！你知道的，我也知道，我就是没那个时间去学；或者是，我也想这样做的，但是你既然已经弄好了，就直接发给我好了……他们不愿意承认自己是平凡的，总觉得他们一两天就能达到别人好几年努力的结果。他们觉得别人取得的成果，他们只需用脑袋想一想，三分钟热度付出一下，就能得到别人所有精髓的东西。

除非是天纵奇才，大部分人的智商区别并不是很大。而失败者之所以是失败者，往往取决于他们自己的选择。

想成为人生的赢家，首先要接受自己就是一个平凡的人，不可能会横空出世般地成功，只能在琐碎的小事中不断地提升自己，然后在每一次的努力中得到更多的自信，这样的日积月累才能离成功越来越近。

很多人之所以看不起别人的付出，是因为不能接受自己的"平凡"。只有接受了自己的平凡，看清楚努力的意义，才能突破自己。

# 没有一点儿疯狂，生活就不值得过

没有一点儿疯狂，生活就不值得过。

听凭内心的召唤吧，为什么要把我们的每一个行动在理智的煎锅上翻来覆去地煎呢？

我常常听人说，我也想像谁谁谁一样自由自在，可是我不知道如何才能达到她那样的状态；我也听人说，为什么谁谁谁长得并不漂亮，可总是有人追，真不明白她到底有什么魅力。

你用心观察就会发现，那些总是有人追的女孩，笑起来的时候，眼神里充满了天真，和她在一起，无论做什么，都感到是快乐的。

我想，这些让人羡慕的人，都有着最佳的人生状态。

没有热情的女人，就像一潭死水，没有一点儿活力，看上去像冷冰冰的怨妇，无法让人感受到温度，当然更无法感染到别人。

生活的热情，是随时对未来充满了期待和憧憬，不论现实多么严酷，始终要心存美好，要相信美好的事物会降临。

有了对生活的热情，才有信心去做想做的事。买菜做饭、洗衣织布，懂得欣赏生活，拥有发现美的眼睛。更重要的是，有了热情，人生就会呈现出一种竞争的状态，这样会赚到更多的钱。

有很多二十五六岁的姑娘，从未谈过恋爱，直到适婚年龄，因为无奈而听从家长的安排去相亲，然后结婚生子，复制着大多数的人生。

这种老实孩子最可怜，情窦初开的时候父母就要求她们活得像灭绝师太，不能有七情六欲，像个小机器人一样整天只知道学习，然后到了适婚年龄，父母又要求她们马上启动恋爱程序，恨不得立马抓来一个异性配对成功，完成人生大事。

这些人没有属于自己的活力，活在一条被他人安排好的路线上，只需要麻木地走下去。

她们最大的问题是没有情趣，过于严肃和刻板，浑身散发出拒人于千里之外的气息。

生活是精神的，也是物质的。一个人长久地处于麻木中，整个就会变得粗糙和愤怒，不仅仅是因为没人爱，更因为自己无法给他人提供爱，最终失去了本真的快乐和应有的情感体验。

热情的人大部分都不会中规中矩，她们喜欢生活中的变幻。对于热爱生活的人，她们会热爱生活的一切，她们并不害怕打乱生活的固有秩序。而在建立关系的时候，在与他人相处的过程中，能自我快乐并能让对方也快乐，这是非常重要的事，男人不喜欢女人装傻，而是喜欢一个能反映出更好的自己的对象。

在生活的考验下保持热情和天真，需要头脑和体力的双重配合，能体现一个人的综合素质。在物欲横流的社会中，要有和热情匹配的经济能力和智慧才能保持自己心灵的明亮，这需要一种极高的慈悲与智慧。

其实，不论是爱情还是生活，那些能感动别人的人永远是活力四射的，永远。因为她们时时刻刻都在展现着自己爱的期待和意愿，透过这些生命的热情，她们能精确地将自己浪漫的情致传递给别人。

对于能用整个生命的热情对待生活的人来说，她们真的很容易被生活所爱。

因为她们的一颦一笑中，充满了动人的能量。

# 以结婚为目的的男人，才是不耍流氓的好男人

[↗]

好友遇到每个大龄未婚女青年都遇到的问题，她有一个谈了六年恋爱的男朋友，可对方就是不愿意给她婚姻的承诺。

她说，我们相处得也很好，每次在一起都很愉快，该磨合的部分也都磨合得差不多，可不知道为什么，只要一到谈婚论嫁的时候，对方就有点儿支支吾吾，好像结婚是一件很为难的事。

"明明应该是男人向女人求婚，搞得我现在都和逼婚差不多。"女友叹了一口气。

我不懂她是真不明白还是不想明白，其实明眼人都看得出来，对方虽然和她谈恋爱，带她出去玩，可男方一直碍于家长的意见而迟迟下不了决心。男方家长始终因为女方的学历和工作都比男方要

低一个档次，所以一直没有对结婚的事情松口，有时候我甚至都怀疑他父母已经在默默地给他安排相亲了。

一个女人爱上一个男人，就会憧憬着和他一起过稳定的生活，生儿育女。她眼中总有些天真的期盼，总觉得他们的感情并没有问题。之所以没结婚，都是男方父母的问题。

犀利的亦舒曾直言不讳地指出：一个男人对一个女人最大的尊重，就是和她结婚。

一个人爱你，他一定会想方设法地将自己和你绑定到一起。他对婚姻推三阻四的时候，是因为他没有那么爱你。

有人说，上帝在创造女人的时候，用了过分柔软的黏土。所以女人最大的悲哀，就是一生都走在求爱的路上。

每个在恋爱中的女人，都有过一段天真的岁月，一头扎进爱情里，不论对方说出什么，她都觉得可以接受，慢慢将自己的底线越放越低，以为只要两人是相爱的，就可以弥补一切不完美的世俗问题。

等到自己真正被世俗和这个男人伤害时，她才会明白，真正的爱与幸福是最应该暴露在阳光下的关系，需要大声地宣布，完整的爱情是能清清白白地和对方在一起，而不是仅仅躲在阴影之中。

就像我那位女友，和男方纠缠了半年之后，对方终于提出了分手，因为父母为他找到一个工作、相貌、学历与他更匹配的人。

男人依然告诉她，是在父母压力下才选择和对方结婚的，他依然是爱女友的，希望女友原谅他。

女友选择了和他分手，但傻傻地相信了他的解释。

其实，透过女友的痴傻，我明白了，在男人的世界中，能不能结婚，愿不愿意结婚，并不是由在一起的时间长短决定的，甚至有时候都不是由女人爱的程度决定的。在他男友的眼里，结婚只是一种简单的情感和资源的博弈。女友输在了这种博弈中。

女人往往更容易在爱情中迷失，比男人更久更深。

有人曾经说，男人是野性动物，女人是筑巢动物。说得好像每个人男人都不想结婚似的。他的理论依据是男人总在逃离，女人总在渴望着安稳。洪晃曾在她的杂文《男人分两截》里精彩地剖析了男人：男人的上半截是修养，下半截是本质。女人嫁给男人，大部分是因为他的上半截，女人喜欢修养好的男人当丈夫。男人一般也不愿意暴露他的本色，特别是在女人面前，总是把上半截摆出来，而把本色藏起来。女人还是应该多注意一下男人的下半截，这才是最根本的东西。

他其实没有那么爱你，不要理会男人那些甜言蜜语的借口，一个以结婚为目的的男人，才是不耍流氓的好男人。如果一个男人能用全部精力来娶你，愿意负担你的后半生，那简直抵得过无数甜言蜜语。

聪明的女人，应当早早拨开甜言蜜语的外衣，若是这个男人丝毫不愿意负担你的后半生，总是以各种借口推诿着婚姻，离开他才是最好的选择。

真相往往并不美好，爱情总是裹着糖衣，谁能尝到那苦的内在，谁就是最后的爱情赢家。女人要看清感情的本质，理智地对待感情，才能得到自己应得的幸福。

# 趁年轻，何不早点儿进入角色

青春文学风靡全国的时候，逃课、早恋、抽烟、喝酒俨然成为一种竞相模仿的时尚。很久以后，有些人回想自己躁动的青春期和懵懂的早恋时，并没有多少美好的回忆，更多的是屈辱、惭愧和惋惜。

因为那时候，我们自己都没有确定自己的价值，不懂得怎样爱自己，更不懂得如何去爱另外一个人。

个体从自然人到社会人的转变，需要经历家庭、学校和社会三个阶段。这是在同一种社会规则下运行的三个权力系统，它们既保护着我们，又约束着我们，它们塑造了我们的行为模式，也塑造了我们的独特个性。

所以我们的青春实在是浪费不起的，当你还没有能力反抗规则时，越早学会适应规则，以后的生活就会越自在。

这是一把顶在青春后腰上的刀锋，我们没有能力将其移开，因为竞争永远都是残酷的。在那个时候，我们不具备争夺生活资源的本钱，所以只能努力学习，充实自己，在既定的规则中慢慢变得强大。

在我走出高中校门的时候，老师曾经告诉我，学生其实只分为两类，考上大学的和没考上大学的。

他说，倒不是说考上大学一定会有出息，没考上的一定没出息，而是，上一个好大学，会让你有更高的起点，积攒更有利的资源。

这么浅显的道理，却并没有警醒什么人。

你可以挑选专业，但是不要不努力。

龙应台有段很出名的话："孩子，我要求你读书用功，不是因为我要你跟别人比成绩。而是因为，我希望你将来会拥有选择的权力，选择有意义、有时间的工作，而不是被迫谋生。当你的工作在你心中有意义，你就有成就感。当你的工作给你时间，不剥夺你的生活，你就有尊严。成就感和尊严，给你快乐。"

在这个竞争激烈的世界里，人是靠优点活着的，只要找到自己的优势所在，就可能获得成功。

糅合着梦想和纯真的青春，是脆弱、险恶的，因为那时的很多选择决定了我们一生的方向。等你跻身成人世界的时候才会明白，生活就是一辆不停向前奔驰的车，我们只要一不留神就会被甩开很远。

这就是我们的青春，失望但不绝望，残酷但不黑暗。

选择奋进，或是选择堕落，都是一个人的自由。可是，人在年轻的时候不管理自己，总会为此付出一点儿代价。

既然人生就是一场博弈，落后就要挨打，何不早点儿进入角色，为未来争取更多的筹码呢？

# 学会原谅最亲的人，你才能真正成熟

在成长中，我们都有这样的经历：父母犹如神一样的存在，可以随意惩罚我们。他们的喜怒让我们惶恐不安，我们唯恐一个不小心就被他们迁怒。此时的父母拥有绝对的控制权，我们除了听话之外别无选择。

鲁迅在《坟》中有一篇文章叫《我们现在怎样做父亲》，其中有个观点非常有意思，儿子以后也会做父亲，难道他做儿子时持有的与长辈相悖的观点都是错误的，但等他成为父亲甚至爷爷之后，若还持这种观念，又会变得正确了吗？

鲁迅所鞭笞的这类中国旧式家庭里，父亲往往拥有绝对的权力。很多孩子从小就被灌输了要听话的观念，对长辈的任何命令，只能无条件服从。

在这种家庭里长大的孩子，习惯了听话，慢慢地不敢独立。父母一方面嫌弃他们不能独当一面，像永远也长不大的孩子，用爱禁锢着他们；另一方面，又极尽所能向他们描述外面的世界有险恶，仅仅靠他们自己绝对不可能去面对。渐渐地，他们将自己永远捆绑在了家庭，特别是父母身上，离开他们，仿佛整个世界都要坍塌。很多人终其一生，只在父母设定的小小圈子里"安定"地过活。

而我们终究不是父母的附属，我们有思想，能行动，想看看更广阔的世界。这时，我们与父母之间的矛盾，往往像火山一样爆发了。有人说，在成长的路上，来自亲人的伤害往往是最持久、最深刻的。这话也许有它的道理，我曾在报纸上看到一则新闻，母亲因为不同意女儿交的男友，竟用自杀这种极端的方式来威胁女儿。

很多时候，父母尚未学会怎么去做一个好父亲、好母亲时，就生下了我们。他们遇事不知所措，所以会发火、会生气、会迁怒于我们；不懂得公平和宽容，所以会有私心，会偏心另一个对他们来说更能指望得上的孩子。

我们最终都要成为父母，走向那片属于自己的世界。为了不重蹈覆辙，你要学会原谅和包容自己的父母。

对于神明般的父母，我们曾经容不得他们有半分瑕疵。但要知道，每个人普通人都会犯错。把他们看成真正的普通人，才会放弃对他们敬若神明的期待。当我们发现他们不如我们想象中那样有能力，或是不那么和善，甚至还带着几分偏执去插手我们的世界时，我们不会再要求他们像神那般理解我们的一切。

成长是慢慢接纳自己和原谅他人的过程，我们只有接受了"父母也是普通人，会犯错，会失误，会因为一些私利伤害到我们"的观念，才会真正从心底消化曾经的伤害，原谅他们的所作所为。学会原谅最亲的人，你才会真正成熟。

我们终要用自己的判断，做出属于自己的人生选择。那些勇敢迈出第一步的孩子，即使他们没有准备好更多，至少也拥有了乘风破浪的勇气。

## 每一种人生，都是一场绝佳的风景

　　为了一件难以抉择的事，我打电话咨询了好几个朋友，一直都没有得到自己想要的结果，在她们头头是道的分析中，我发现自己反而更加迷惑了。

　　朋友看见我的样子有些无奈，他说，其实没有一种选择是完美的，人生就是不断选择一种可能性，同时又不断放弃另外一种可能性的过程，在这个过程中，没有十全十美的结果，但是却有最优的选择。

　　人的一生中，每一刻都在面临着选择。没有一种活法，能够抵达完美的境界，不论我们如何做，总是充满遗憾，这是人生的常态。

　　有人喜欢搏杀的岁月，有人喜欢安稳的日子。没有谁能说明哪种状态更好，因为人生就是一场体验，在分叉的路口，选择哪一条小径，就会过上哪一种人生。

很多遭遇出轨的女孩问我：我该如何选择呢？到底是离婚，还是继续挽回？

迷茫的年轻人会问，到底是为了自己所爱的人而放弃眼前的工作，还是为了工作放弃自己所爱的人呢？

其实，没有一种人生是完美的。《道德情操论》中曾说过，一个国王的烦恼实际上和一个乞丐是一样多的，只不过是性质不同罢了。

没有人能给别人确定的答案。因为每个人心中都有一杆秤，称量的都是对自己最重要的部分。没有人比你更了解自己，没有人比你更明白自己内心深处的渴望。

当我们看到留在大城市的同龄人，过着别人看来很羡慕的生活时，没人知道他们今天还有多少堆积如山的文件等待被处理，在回来的路上又堵车了两小时，或是加班到两点之后还要在明天八点参加一场重要的谈判。很多时候，他们也在羡慕着小城市缓慢的生活节奏，悠闲的生活状态，安稳幸福的人生呢！

那些爱得令人羡慕的人，我们并不知道她们在背后承受了多少疑虑与暗讽，不理解她们暗暗下了多少次决心，才克服了内心深处的动摇，去博得一个不确定的未来。

我们羡慕回乡创业的人，可并不知道他们忍受过多少不被人理解的目光，带着多少压力前行，也许正在为下一笔资金焦头烂额，也许在深夜还在思考他们的企业明天该如何生存。

每一种人生，都充满了挑战，充满了不确定性，不管我们如何选择，都会损失另一种机会。人生就是这样，永远不会完美。

选择是一场冒险，是一场自我坚持和较劲。在人生的十字路口，我们可以随心而活，要相信，每一种人生都是一场绝佳的风景，都可以活得很精彩。

人生只有坚持与努力，而没有好坏与对错，关键在于你是否有坚定的内心，能否承担所有选择的后果。当我们选择一种人生的时候，努力经营，才是最应该呈现的姿态。

## 善待琐碎，才算是善待了生活

　　一个男人女人缘很不错，他交往过很多个女朋友，但历任女友一般和他相处不到半年就离开。

　　他一直感到苦恼，多次跑来向我倾诉，他不明白为什么，那些女友都说他人很好，可就是做事不靠谱，完全没法让人依赖。

　　恰好我认识他的一个女友，在一次聊天中，我们提到了这件事。女孩说，这人实在太让人生气了。有一次放假，她千里迢迢地跑去看他，可他连个路线都不帮她找，因为人生地不熟，她来回辗转了十几个小时才找到他。见面时，他信誓旦旦地说，这几天的行程，包括回程，一定会为她规划好路线，提前订好票，再也不让她受这种罪。

　　他规划的所有景点和路线，没有一个是按照计划完成的。每天早上，他都会拖延一两个小时起床，然后慢慢地洗漱，这些都完成后才发现手机没电了，给手机充上电之后，两个人再慢腾腾地吃完早餐，这时一般已经临近中午，上午的计划只能作罢。

三天的假期就在这样的节奏中转瞬即逝，女孩要走的那天，他又睡到中午才起床，误了上午的车，他的解决措施是，让女孩打电话给公司请一天假，女孩一气之下，自己坐车离开了。

聊到最后，她和我说，她再也不会相信这个人对她承诺的任何事，因为他所有的承诺没有一次是认真执行的。他确实是个好人，脾气好，心肠好，可完全无法让人信任，所以她宁可忍痛和他分手，也不愿意一而再、再而三地承受着这种信任过后的失望和难过。

看着这个女孩决绝的眼神，我想，我大概能明白为何他人缘好，却总是在感情中失败的原因了。

我观察过很多成功的人，大部分都是精力充沛、雷厉风行，二十四小时开机，随时都是一种战备状态。普通人要做到这样并不容易，但是在小事中做个言出必行的践诺者，大多数人应该可以做得到。

对自己负责，才能让他人信任，因为大部分人其实不太容易宽恕别人，更容忍不了谁的任性。所谓三十而立，可以解释为一个人在而立之年，应当有一种肩挑风雨的稳重感。当我们以成年人的角色在世间行走的时候，就不再具备任性的资格了。

我们不喜欢早起，不喜欢接电话，甚至不喜欢工作，这些都是一个人的自由，可这种自由需要有一个前提，那就是我们具有享受这种自由的资本。绝对自由的状态在任何时候都是不存在的。一个人在三十多岁的时候还在玩个性，不停地向他人展示自己的次人格，除了让人觉得此人不靠谱，难以委以重任之外，不会让人感受更多。

对什么都无所谓的状态是一种可怕的极端状态，因为当一个人对什么都无所谓的时候，就表示他已经没有什么生命热情，没有任何执着。再大的事他们都不在乎，任何决定在他们心中都可随意更改，久而久之，再也无法让人信任，也不会再被委以重任。

这种人生态度，伤害的不仅仅是感情，还有工作，还有自己的人生。

信任是非常珍贵的，并且无法在朝夕之间建立。这是一种长期累积的过程，是通过一点一滴的真诚建立起来的珍贵感情。

曾经遇到过一个非常有意思的问题，有人问，一个人最重要的是什么？有人回答说是头，有人回答说是心脏，只有一个人回答说，是肩膀。

因为有肩膀，别人才会依靠你，而其他所有的器官，都是为自己服务的。

这个故事告诉我们，能让别人信任，是一个人最宝贵的品质，在人生中是非常重要的事。

信任，真是一种良好的亲密关系。可惜这个男人并没有弄明白这点，一直到现在他还在追问我，为何他觉得这些都是小事，却莫名其妙地伤害了女朋友，还惹她们发那么大的火，最终都要和他分手。

我想说，你太小看小事了。人与人之间的信任，常常就是在小事之中慢慢瓦解的。生活中尽皆琐碎的小事，我们只有善待琐碎，才算是善待了生活。

# 后记

## 想改变，从现在开始

　　我经常听几个做公益心理咨询的朋友说，很多向她们寻求帮助的人，都会重复同样的问题，倾诉同样的伤害，唠叨一模一样的抱怨。一些一目了然的选择，当事人却要反反复复地纠结，即使你把方法告诉她们也没有用，反正她们也不会照做。在她们眼中，心理咨询就是一个发泄怨愤的途径，发泄完了，日子依旧过，没有任何的改观和成效，所以，她们也只能周而复始地抱怨下去了。

　　这让我想起了此前辅导妹妹做功课的情形，同类型题目的推算方法，我反反复复讲过好几次，她仍然记不住，我在每本书中把考试内容一一标明，然后让她去看，可是到下一次她问我的时候，我发现她根本就没有看过。

　　很明显，即使有人告诉她方法了，她也无法约束自己朝这个方向去努力。

　　方法的确重要，但方法如果只停留在你的大脑里，而没有真正去指导你的行动，那它就发挥不了什么作用。

　　这个世界永远也不缺失败者和抱怨者。因为大多数人只是喊喊口号而已，他们并不能始终如一地坚持完善自我，积极行动。

　　如果你真的下定决心重塑自我，就从现在开始，提高自己的执行力，你的行动能持续多久，你的改变就有多大。